L'ART DE PRODUIRE

LES

BONNES GRAINES

PAR

P. JOIGNÉAUX

cultivateur,
auteur de : les Champs et les Prés, les Conseils à la Jeune Fermière,
les Instructions agricoles, les Arbres fruitiers, etc.
rédacteur de la Feuille du Cultivateur.

ORNÉ DE 57 GRAVURES

BRUXELLES

LIBRAIRIE AGRICOLE D'ÉMILE TARLIER
Éditeur de la Bibliothèque rurale
MONTAGNE DE L'ORATOIRE, 5.

1859

L'ART DE PRODUIRE

LES

BONNES GRAINES

L'ART DE PRODUIRE

LES

BONNES GRAINES

PAR

P. JOIGNEAUX

cultivateur,

auteur de : les Champs et les Prés, les Conseils à la Jeune Fermière,
les Instructions agricoles, les Arbres fruitiers, etc.
rédacteur de la Feuille du Cultivateur.

ORNÉ DE 57 GRAVURES

BRUXELLES

LIBRAIRIE AGRICOLE D'ÉMILE TARLIER

Éditeur de la Bibliothèque rurale

MONTAGNE DE L'ORATOIRE, 5.

1859

BRUXELLES. — TYP. DE VEUVE J. VAN BUGGENHOUDT,
Rue de Schaerbeek, 12.

L'ART DE PRODUIRE

LES

BONNES GRAINES

I

DU CHOIX DES PORTE-GRAINES.

Un éleveur d'animaux qui ne s'occuperait absolument que des étables et des fourrages, ne deviendrait jamais ni un Backwel, ni un Colins. Les bons
soins et la bonne nourriture ne suffisent point pour
créer, améliorer ou maintenir les races; il faut
commencer par bien choisir les reproducteurs. Un
éleveur de végétaux, c'est-à-dire un cultivateur, ne
doit pas s'en tenir absolument à la terre et aux
engrais; il importe aussi qu'en premier lieu, il
prenne souci des reproducteurs des plantes, c'est-

à-dire des graines. A nos yeux, la bonne graine est la première condition de succès. On en convient généralement; on le dit, on le répète, mais à la manière des perroquets, sans conviction profonde, sans conformer les actes aux paroles.

Nous pensons, avec un vieil auteur, que sans bonnes graines il n'y a pas certitude de rendre les autres travaux profitables. Il s'agit donc de savoir ce que l'on entend par bonnes graines, et comment l'on doit s'y prendre pour les produire, les récolter et les conserver. Jusqu'à ce jour, cette question a été bien négligée; c'est à peine si, de loin en loin, l'on daigne lui consacrer quelques lignes perdues. On a fait des livres sur les terres; on a fait des livres sur les fumiers; mais, en ce qui touche les graines, vous ne trouverez pas même une brochure. Il semblerait que le sujet n'en vaut pas la peine. Grosse et grave erreur. Les mauvais reproducteurs sont à nos récoltes ce qu'ils sont à nos troupeaux. Ils transmettent leurs défauts de génération en génération, avec la même fidélité que les reproducteurs choisis apportent dans la transmission de leurs qualités.

« De même, dit M. de Gasparin, que, dans les races d'animaux, on suit à l'œil, pendant plusieurs générations, la trace du sang des ascendants, que les petits-fils mal traités, mal nourris des étalons célèbres gardent encore quelque chose de leur origine et de leurs formes; de même quand une plante a été ennoblie par les qualités de sol et de climat, ou par une bonne culture pendant une série de générations, ses semences en transmettent quelque chose aux plantes auxquelles elles donnent naissance, et ce n'est qu'après plusieurs générations de mauvais traitement qu'elles descendent au niveau de celles qui ont été négligées de temps immémorial. »

« Les preuves en sont nombreuses et incontestables, ajoute-t-il. Ainsi, les petits pois, tirés de Paris, restent tendres et délicats à la première génération, quand ils sont cultivés dans le Midi ; à la seconde, leur peau se durcit déjà ; et à la troisième, ils sont tout à fait semblables à ceux du pays. »

Dans le cas particulier, le mauvais traitement vient du climat, et nous n'y pouvons rien ; mais lorsque nous avons des variétés acclimatées, précieuses à divers titres, et que nous laissons ces variétés dégénérer, nous ne devons en accuser que la semence et le manque de soins. Les cultivateurs qui attachent un grand prix aux beaux étalons ne font guère attention à la beauté des porte-graines, et commettent ainsi une inconséquence très-fâcheuse. Ils prennent ou achètent leur semence à l'aventure, sinon toujours, au moins dans la plupart des cas, et ne savent jamais au juste ce qu'il en sortira. Il est rare qu'ils aient vu sur pied et qu'ils connaissent les qualités des plantes qui ont produit leur semence. **Du moment qu'elle a bonne mine, ils la prennent pour excellente.**

C'est un bon signe, sans doute; mais il y a des variétés défectueuses dont la graine a une apparence trompeuse, et qui n'a point vu cette graine sur la tige ne saurait répondre de rien. Telle semence chétive, mais provenant d'un belle plante, nous reproduira fidèlement les principales qualités de cette plante, tandis que telle autre semence superbe, récoltée sur une variété pleine de défauts, nous reproduira fidèlement aussi les défauts de cette variété. Encore une fois, nous ne sommes et nous ne pouvons être sûrs d'une graine quelconque, que si nous l'avons cultivée et soignée nous-même. Sa belle conformation n'a de valeur qu'autant que le semenceau répond à nos désirs. Un maigre grain de froment, sorti d'une belle race, nous donnera souvent un magnifique épi et de beaux grains, tandis qu'un grain irréprochable, trouvé par hasard sur une race usée, nous donnera un épi misérable et des graines sans valeur. Voilà ce que l'on ignore trop généralement.

Le choix des porte-graines devrait être la base de toute bonne agriculture, comme elle est la base de toute bonne horticulture, car c'est de lui que dépend la forme et vraisemblablement la qualité des produits.

C'est par le choix des porte-graines que l'on a formé et fixé la plupart de nos meilleures races.

C'est par le choix des porte-graines que l'on a soutenu et que l'on soutient des variétés qui, sans cette précaution, s'abâtardiraient vite.

C'est par le choix des porte-graines que l'on espère améliorer certaines espèces.

C'est par le choix des porte-graines que l'on est arrivé à rendre hâtives des variétés tardives, et *vice-versâ*.

Et, en effet, c'est en choisissant bien les semenceaux à chaque génération, que l'on a pu faire, par exemple, dans l'espace de quatre ou cinq années, une carotte de jardin avec la carotte sauvage de nos terrains incultes. C'est en s'attachant à telle ou telle forme de racine, ronde ou longue, peu importe, que l'on est parvenu, à force de patience, à fixer des variations accidentelles, à en faire des races distinctes. Une supposition : Je n'ai sous la main que de la semence de racines longues, mais le hasard veut que mon semis me donne un ou deux sujets à racine courte, autrement dit une ou deux variations. Je les trouve de mon goût ; je fais de ces racines des porte-graines ; j'en récolte la semence ; je la répands l'année suivante. Elle me produit tout d'abord beaucoup de racines longues, mais en même temps quelques racines courtes. Je choisis parmi ces dernières celles dont la conformation me plaît ; j'en fais derechef des semenceaux et ainsi de suite pendant plusieurs années consécutives, et j'arrive nécessairement à n'avoir plus que des racines courtes. La variation est fixée et devient une race. C'est de cette façon que l'on a créé la toupie de Hollande, le panais court, la betterave globe, comme on aurait pu créer des races longues avec des variations de races courtes.

C'est en choisissant les meilleurs reproducteurs dans un champ à graines, épi par épi, nous dit le professeur Van Hall, c'est en faisant cueillir à la main les graines à semer, dans le jardin agronomique de Groningue, que beaucoup de variétés de froment, de haricots, etc., qui s'abâtardissaient ailleurs, sont restées pures et constantes pendant quinze à vingt ans.

C'est en s'appuyant sur le principe de transmissibilité des qualités des reproducteurs, que M. Louis Vilmorin a choisi pour porte-graines de betteraves à sucre les racines les plus sucrées du tas, comme d'autres ont choisi les plus pesantes à volume égal, afin de créer une race particulièrement riche.

C'est en faisant un bon choix de porte-graines que l'on est arrivé, après une trentaine d'années, à avancer d'un mois à un mois et demi la récolte du chou de Milan des Vertus, autrefois très-tardive, et à créer les races précoces de pommes de terre et de bien d'autres légumes.

C'est également en choisissant les porte-graines parmi les sujets qui fleurissent en dernier lieu, et en continuant pendant un certain nombre d'années, d'après la même règle, que l'on crée des races tardives.

Or, rien que d'après ce qui précède, on peut se faire une idée exacte de l'importance de la culture des porte-graines dans nos exploitations rurales, et de l'utilité d'un travail spécial sur la matière.

Il y a semence et semence. Tantôt, on la fabrique en vue de la floriculture, c'est-à-dire pour obtenir de belles fleurs; tantôt, en vue de la grande culture et du jardinage, c'est-à-dire pour obtenir soit de la feuille, soit une graine abondante. Dans le premier cas, nous avons intérêt le plus souvent à fatiguer les plantes, à les user sous la charge des fleurs. C'est pour cela qu'un fleuriste disait : — « L'expérience prouve que les graines des plantes semi-doubles, c'est-à-dire déjà modifiées par le travail de l'homme, qui sont plus petites et moins nourries que celles des simples, fournissent plus de plantes doubles que les autres. » — C'est pour cela aussi qu'il conseille de laisser vieillir les graines le plus possible afin d'obtenir des doubles, c'est-à-dire des plantes très-délicates, puisque plus les fleurs doublent, plus les plantes qui les portent sont délicates et difficiles à élever. Mais ceci ne nous regarde point : nous voulons, nous autres, des plantes vigoureuses; par conséquent, nous devons suivre une méthode opposée à celle des fleuristes. Nous poussons à la pléthore, à l'engraissement; ils poussent, eux, à l'affaiblissement.

Nous déchaînons la séve, tandis qu'ils l'entravent ; nous vivifions à l'excès, tandis qu'ils appauvrissent de leur mieux ; nous cherchons la vie pleine, tandis qu'ils vont, de leur côté, au-devant d'une mort prématurée.

Il est donc clair, d'après ce qui précède, que, poursuivant deux buts opposés, nous devons parcourir deux routes également opposées ; que les graines qui font le compte des fleuristes ne sauraient faire le nôtre ; que celles qui conviennent le mieux pour faire des fleurs sont précisément celles qui conviennent le moins pour faire des tiges et des feuilles. Il reste entendu, par conséquent, que nous tournons le dos aux fleuristes. A eux le jardin, à nous la ferme.

II

DE LA MATURITÉ DES GRAINES REPRODUCTRICES.

Les graines bien mûres valent mieux pour le semis que celles qui ne le sont pas tout à fait. Pour le prouver, nous n'avons pas besoin d'invoquer plusieurs autorités ; nous nous en rapportons purement

et simplement à la nature. Une plante ne se res-
sème toute seule que quand les graines sont dans
un état de maturité parfaite. C'est alors qu'elles se
détachent et tombent. Il y a lieu de croire que les
choses se passent ainsi parce qu'elles ne doivent
point se passer autrement. La nature nous donne
une leçon; nous la tenons pour bonne, et conseillons à nos lecteurs d'en faire leur profit.

L'expérience, d'ailleurs, se prononce très-carré-
ment en faveur des graines bien mûres.

Olivier de Serres nous dit : — Choisissez le
grain bien mûr, fort pesant, de belle couleur, ni
maigre; ni ridé, et, dans ces conditions, il ne pourra
que faire bonne fin.

M. de Gasparin, tout en reconnaissant que la
faculté de germer existe dans la plupart des graines
avant qu'elles soient complétement durcies, ne conseille pas de s'en servir pour le semis.

M. Noisette, dont l'opinion a du poids en horticulture, assure qu'on ne doit récolter les graines
que lorsqu'elles sont en parfaite maturité.

Enfin, sur cent cultivateurs de profession, vous
en compterez au moins quatre-vingt-dix-neuf du
même avis.

Cependant, nous avons des hommes de science
qui ne croient pas à la nécessité absolue d'une maturité complète et qui nous disent qu'à la rigueur
on peut fort bien se dispenser de l'attendre. Ainsi
M. Duchartre, un botaniste très-distingué, s'est

livré à des expériences sur ce point, en 1852, à l'Institut agronomique de Versailles, et nous dit :

« Les graines de nos céréales, en général, sont susceptibles de germer longtemps avant leur maturité, lorsque leur embryon est encore très-imparfait et lorsque leur albumine est en lait.

» Les germinations des graines très-jeunes sont à peu près en même proportion que celles des graines plus rapprochées de leur maturité (seigle, poulard, orge), ou même en proportion plus considérable (blé roux).

» La dessiccation des graines imparfaitement mûres ou même très-jeunes, et la rétractation qui en est la suite, loin de nuire à leur germination, la favorisent au contraire d'une manière frappante.

» Le temps nécessaire pour la germination des grains jeunes semés à l'état sec, ne m'a pas paru plus long que celui qu'exigent les grains mûrs. »

« En terminant ma note, ajoute M. Duchartre, j'établis, par mes observations, ce fait intéressant, que les plantes provenues de grains récoltés jeunes ne sont ni plus faibles ni moins développées que celles qui sont nées de grains arrivés à leur entier développement. »

Sans aucun doute, les expériences de M. Duchartre ont été bien conduites, ses observations bien faites ; mais il y aurait de l'inconvénient à en accepter trop vite les conséquences, comme, par exemple, à adopter, d'après cela, pour semence, la graine

récoltée avant l'heure, c'est-à-dire sur le vert.
Quelque puissantes que soient en apparence les
preuves opposées aux méthodes naturelles, nous
nous en méfions et ne les acceptons que sous béné-
fice d'inventaire.

Bien avant M. Duchartre, Sennebier s'était livré
à des expériences sur la germination des graines
non mûres et avait démontré que l'on pouvait faire
germer des pois en lait, en ayant soin de les placer
de suite en terre et de façon qu'ils ne pussent s'y
dessécher. Nous n'en continuons pas moins à
planter des pois secs, et nous nous en trouvons bien.
Où le physiologiste trouve son compte, le cultivateur ne trouverait pas toujours le sien ; et quelque
concluants que paraissent être les essais de M. Duchartre, nous aurons toujours de l'avantage à semer
des céréales bien mûres, et, par conséquent, à ne
pas prendre notre semencé sur des plantes coupées
trop tôt.

Admettre le contraire, ce serait reconnaître im-
plicitement que la nature dépense un temps inutile
à fabriquer en un mois, par exemple, des graines
qui seraient tout aussi bonnes en quinze jours ; et
nous ne lui ferons pas cette injure. Elle donne des
leçons aux savants, mais elle n'en reçoit pas d'eux.
Ils peuvent la contraindre dans sa marche, contre-
venir à ses lois jusqu'à un certain point ; mais, dès
qu'on dépasse les bornes, elle proteste plus ou
moins énergiquement et rappelle à l'ordre les éco-

liers indisciplinés. Elle nous permet de l'aider, elle nous invite même à le faire, en nous mettant le doigt sur les moyens; mais, aussitôt que nous cherchons à la dominer, elle proteste en nous répondant par la dégénérescence et les maladies des plantes.

Nous pouvons gagner quelque chose à forcer des feuilles, des fleurs de parterre et des fruits de table; mais nous ne pouvons que perdre à forcer des graines destinées à la multiplication, à les soustraire aux lois naturelles de leur développement complet.

On fait, vous le savez, de la graine en serre ou sous châssis, mais vous devez savoir aussi que cette graine est très-sujette à la stérilité, ou que celle qui germe donne, la plupart du temps, des sujets très-délicats et de courte durée.

Or, cette délicatesse et cette fragilité doivent se retrouver, dans certaines limites, sur les graines récoltées avant la maturité et qui n'ont pas reçu leur part de vigueur des influences atmosphériques.

M. Duchartre a pris cent grains de seigle, cent grains de froment poulard, autant de froment roux, autant d'orge, et les a semés vraisemblablement dans une bonne terre à jardin et à des distances convenables. Qui sait? le jardinier de l'établissement a peut-être donné des mouillures, comme s'il se fût agi de graines d'oignons, de laitues, ou de carottes. Les grains ont germé; nous le compre-

nons. Ils ont levé et parcouru les diverses phases
de la végétation, formé et mûri leurs épis comme
les autres ; nous le comprenons encore. Ils ont enfin
fourni d'aussi belles semences les uns que les
autres ; nous le comprenons toujours.

En fin de compte, ceci n'a rien de précisément
extraordinaire. Nous admettons que des graines
délicates, entourées de petits soins, soumises à une
culture jardinière, fournissent, une première fois,
des feuilles, des tiges et des épis aussi beaux que
ceux des graines robustes ; mais, encore une fois,
les apparences sont souvent trompeuses, et il y a
gros à parier que les produits des graines délicates
hériteront de la délicatesse de leurs mères et seront
plus sensibles à la gêne et aux intempéries que les
produits des graines robustes ; que les premiers
dégénéreront plus vite que les seconds, qu'ils auront
plus à souffrir de la chaleur, plus à souffrir du
froid, plus à souffrir de toutes les maladies.

Voici deux hommes du même âge, de la même
taille, du même poids, ayant l'un et l'autre de beaux
enfants, à la figure pleine et à l'œil vif, oseriez-vous
bien nous soutenir que ces deux hommes se valent
pour la santé, que leurs enfants se valent au même
titre, qu'ils sont propres aux mêmes fatigues, aux
mêmes privations et que leur destinée sera commune ? Non, vous ne l'oseriez point et feriez sage-
ment. Pourquoi donc alors envelopper dans une
appréciation commune deux plantes cultivées uni-

quement parce qu'elles ont entre elles plusieurs
points extérieurs de ressemblance? Pourquoi les
confondre après un seul essai et sans tenir compte
de leur constitution respective?

Si, au lieu de semer une centaine de grains incomplétement mûrs, et de les élever dans un jardin
à grand renfort de petites attentions, comme on
élève des enfants de sept mois dans un logis de
grand seigneur, on avait semé à la volée un hectolitre ou deux de ce grain venu avant terme, non
dans un jardin, mais dans un sol ordinaire à froment, les résultats eussent-ils été les mêmes avec
la graine jeune qu'avec la graine mûre? Il est
permis d'en douter.

Une semence vit moins bien aux champs que sur
une couche de terreau ; une plante semée à la volée
ne reçoit pas aussi bien les influences atmosphériques qu'une plante d'échantillon élevée à la main
sur la largeur d'une planche de potager, au grand
air et au grand soleil. Par conséquent, la première
sera moins robuste que la seconde et plus exposée
à hériter des défauts de la mère. Enfin, une graine
non mûre, mais couverte d'une excellente terre,
n'aura pas à souffrir d'une sécheresse prolongée,
tandis que la même graine, aux champs et dans de
semblables conditions, sera exposée à la perte de
son germe. Or, la conclusion à tirer de là, c'est
que les observations recueillies à l'Institut de Versailles, par M. Duchartre, auraient besoin d'être

contrôlées à diverses reprises par la grande culture.

Pour notre compte, si nous ne faisons pas grand
cas des graines reproductrices récoltées avant leur
maturité, nous ne faisons pas grand cas non plus
de celles qui, dans les terres sèches et sous l'influence d'une chaleur forte et prolongée, ne reçoivent
pas la séve nécessaire à leur développement complet et mûrissent ou plutôt durcissent avant le terme
ordinaire. Tous les praticiens seront de notre avis,
et, si vous pouviez interroger les jardiniers sur la
valeur des graines récoltées en 1858, ils vous ré-
pondraient qu'elles étaient bien loin de valoir celles
de l'année précédente. Or, ce qui est vrai pour le
jardinage, l'est également pour la grande culture.
Ce qu'il y a de mieux à faire dans le cas particulier,
c'est de rechercher dans les années trop sèches les
graines provenant des terrains frais, comme, dans
les années très-humides, nous devrions naturellement rechercher la graine des terrains secs.

III

DU CHOIX DE LA SEMENCE SUR LE PORTE-GRAINES.

M. Noisette a écrit que l'on devait toujours choisir parmi les graines que l'on recueille les mieux conformées. « Quelle que soit la partie du végétal qui les fournisse, ajoute-t-il, leurs qualités sont absolument les mêmes. »

C'est aussi notre avis, mais nous croyons que la tige et les principales branches des porte-graines portent une semence plus hâtive et mieux conditionnée que celle des petits rameaux. Selon nous, M. Loiseleur-Deslongchamps a tort de n'établir aucune différence entre les petites et les grosses graines. C'est comme si l'on n'en établissait aucune entre les petits animaux d'une même portée ; comme si l'on venait nous soutenir que tous, sans distinction, prendront le même développement. Ce n'est point admissible. Que les petites et les grosses graines recueillies sur un seul pied conservent les unes et les autres les principaux caractères de l'espèce ou de la variété, nous ne le contestons pas ;

mais que les petites les conservent au même degré
que les grosses, nous en doutons fort. Voilà pourquoi nous préférons les grosses ; et, les préférant,
nous les cherchons sur les parties du semenceau
qui ont fourni le plus de séve et se sont mises à
fleur en premier lieu.

Nous lisons dans un excellent livre du siècle dernier, souvent pillé, rarement cité, dans l'*École du
jardin potager*, de de Combles, les lignes suivantes
à l'appui de ce qui précède : — « L'expérience a
appris aux gens d'Aubervilliers, qui font un trafic
considérable de graines de choux, que le même
pied donnait trois sortes de graines plus hâtives de
quinze jours l'une que l'autre ; la tige du milieu,
qui mûrit la première, et que l'on ramasse d'abord,
donne la plus hâtive et la meilleure en même temps,
et c'est celle qu'ils conservent pour eux ; les sommités des tiges collatérales qu'ils recueillent après
forment la seconde espèce, et le surplus forme la
troisième ; cela est utile à savoir et à propager. »

Il y a une dizaine d'années, un Hollandais,
M. J. Van den Hock, remarqua que les siliques de
colza nourries par la souche principale de la plante
donnaient toujours une graine plus belle et plus
lourde que les autres. Il la recueillit donc à part,
la sema de même, et récolta plus que d'habitude.

Un jardinier, un Hollandais aussi, M. Bothof, fit
la même remarque sur toutes sortes de choux, de
navets et de radis. Il déclara que les branches à

2.

fleurs sortant des souches donnent une graine d'une vertu particulière, celle de produire les plus belles plantes. Il n'a pas cessé de se servir de ces graines de choix, et toujours à la grande satisfaction de son maître, le baron Groeninx van Zoelen van Ridderkerk.

Un autre Hollandais, que nous avons déjà cité, M. Van Hall, professeur d'agriculture à l'université de Groningue, a écrit ce qui suit :

— « Dans les céréales, comme dans le froment, le seigle et l'orge, choisissez les graines du milieu de l'épi, car on a remarqué partout que lorsque les fruits ou les graines sont placés sur un axe allongé, ceux du dessous et du dessus sont les moins parfaits, et ceux du milieu l'emportent sur tous les autres. »

Le même auteur ajoute : — « Quant aux semences se formant dans les gousses, comme dans les légumineuses, pois, fèves, haricots, etc., prenez toujours, pour semer, les graines du milieu des gousses. »

La remarque de M. Van Hall, concernant les graines placées sur un axe allongé, se trouve confirmée par un certain nombre de personnes intelligentes ; et, tout dernièrement encore, la mère d'un de nos amis de Virton, qui excelle dans la culture de la betterave champêtre, nous disait, en nous donnant un cornet de ses graines : — « Voyez comme elles sont belles et d'égale grosseur ; elles ne ressemblent guère, n'est-ce pas, à celles que vendent les marchands? C'est qu'aussi je fais un choix sévère ; je supprime celles du sommet des tiges pour nourrir celles du milieu, et celles-ci valent mieux encore et se nourrissent mieux que celles du dessous. »

Quant à l'observation relative aux graines en gousses, elle ne nous étonne point non plus. Toutes les personnes qui observent les choses d'assez près, ont vu ou dû voir que les graines du milieu ont plus de tendance à bien se développer que celles des deux extrémités.

On reconnaîtra de même que les graines en épi se développent mieux et mûrissent plutôt vers le milieu qu'à l'extrémité.

C'est ce qui faisait dire à Celse et à Columelle, toujours à la recherche des plus beaux grains : —
« Lorsque le grain est de médiocre qualité, il faut choisir les plus beaux épis et les séparer du reste pour en tirer la semence. Quand la récolte aura été plus favorable, le grain battu sera purgé au crible, et toujours on réservera pour la semence celui qui, en raison de sa grosseur et de son poids, tombera au-dessous de l'autre. Cette précaution est fort utile, car, sans elle, les froments dégénèrent, même dans les lieux secs, quoique moins promptement que dans un sol humide. »

C'est ce qui faisait dire à Olivier de Serres, à l'occasion du froment de semence :

« Vous le laisserez mûrir en perfection et le battrez légèrement, sans violence, afin d'en tirer le blé le plus mûr qui est premier né. »

C'est ce qui faisait dire à de Combles, à propos de la culture des plantes potagères :

« On laisse souvent perdre les premières graines mûres, quoiqu'il soit certain que ce sont d'ordinaire les mieux conditionnées, quand on est dans le temps de la maturité et que le pied est sain. »

Cette réserve est bien à sa place. Il peut arriver en effet que les premières graines tombées proviennent de plantes malades ou desséchées par le soleil avant l'époque ordinaire de leur maturité, et, le cas échéant, il va sans dire qu'elles ne vaudraient rien.

Tout à l'heure, nous rapportions que les maraîchers d'Aubervilliers attachaient plus de prix aux graines de la tige principale des choux pommés qu'aux graines des autres parties; mais, s'agit-il de faire de la bonne semence de choux de Bruxelles, c'est une autre affaire, vraisemblablement parce que, dans le cas particulier, les petites pommes occupent non la tête de la plante, mais l'aisselle des feuilles latérales. Ce sont donc les rameaux qui partent de ces petites pommes, jets, spruyts, rosettes, comme vous voudrez les appeler, qui produisent les meilleures graines. Aussi les maraîchers des environs de Bruxelles ont bien soin de couper la sommité du chou pour refouler la séve dans les parties latérales.

Rien que d'après ce qui précède, vous voyez déjà que toutes les parties d'un porte-graines ne sont pas au même degré propres à fournir de la semence de qualité supérieure. Mais, s'il devait rester des doutes sur ce point, nous ne serions pas en peine de les dissiper.

Simple supposition. Nous avons sous la main une plante quelconque, plante des champs ou du potager, qui nous plaît par sa précocité. Nous demandons à la plante en question de la graine qui soit de nature à lui conserver cette précocité. C'est fort bien ; mais, si nous prenons notre semence au hasard, sur toutes ses parties, au fur et à mesure qu'elle se produira, nous manquerons certainement notre but et amènerons tôt ou tard, quelquefois même très-promptement, une dégénérescence marquée. Nous devrons donc, pour éviter cet inconvénient, nous attacher aux premières fleurs ouvertes, aux premiers fruits mûrs, et laisser de côté, sur le pied, les fleurs et les fruits tardifs. Si, au contraire, nous voulions maintenir une race tardive ou en créer une, nous devrions négliger les fleurs précoces et nous attacher aux dernières épanouies.

Ces soins, qui, au premier abord, semblent minutieux et presque puérils aux praticiens qui n'ont pas conscience de l'importance du sujet qui nous occupe, nous paraissent, à nous, de toute nécessité et d'une grande portée quant aux résultats. Dans

la grande culture, comme dans la petite, nous avons
intérêt à conserver rigoureusement les propriétés
et les qualités de certaines plantes auxquelles nous
tenons tout particulièrement. Or, pour les conserver, nous sommes tenus de prendre la graine ici
plutôt que là, sur cette tige plutôt que sur cette
branche, sur cette branche plutôt que sur ce ra-
meau. Si nous nous moquons de la remarque ou du
conseil, si nous prenons cette graine au hasard, à
poignées pleines, si nous mélangeons la première
et la dernière mûre, la petite et la grosse, nous
n'aurons pas de régularité dans la prochaine récolte; les caractères du type ne se maintiendront
pas partout d'une manière convenable, et nous
mettrons ainsi le pied sur la pente de la dégénérescence. Après cela, les choses continueront d'aller
de mal en pis, et nous finirons par accuser de nos
mécomptes le terrain, l'engrais, le froid, le chaud,
le brouillard et la lune même, qui figure plus souvent que de raison en pareilles affaires.

IV

COMMENT NOUS POUVONS AIDER LA NATURE DANS LA
CULTURE DES PORTE-GRAINES.

Nous pouvons et devons aider la nature dans la
culture des porte-graines, surtout quand il s'agit
de plantes déjà forcées, et qui ne tarderaient pas à
retourner à leur état primitif ou naturel si on les
abandonnait à elles-mêmes. Il en est des plantes
améliorées comme des bêtes améliorées. Il devient
souvent plus difficile d'entretenir, de conserver une
race que de la créer. La nature fait les choses à sa
manière et n'entre pas dans nos combinaisons éco-
nomiques ; elle ne fabrique point de betteraves de
douze à quinze kilogrammes, point de choux pommés de quinze à vingt kilogrammes, point de carottes de la grosseur du bras, point de rutabagas
de la grosseur de la tête, point de laitues pommées.

C'est l'homme qui, par toutes sortes de moyens, a
fabriqué pour son usage ces monstres utiles, et qui
les perpétue de son mieux. Mais, si, les ayant for-

més, il les laissait aller ensuite à leur guise, la nature ne se mettrait pas en frais extraordinaires à leur égard, et vous les verriez bientôt se modifier, se rapetisser et retourner au type. Il y a, dans nos plantes améliorées, la part de la nature et la part de l'homme. Et, pour que l'amélioration se maintienne, il ne faut pas que l'homme chôme pendant que la nature travaille. La besogne doit se faire en commun et presque de concert. Il ne faut pas non plus que l'homme gêne par trop les fonctions de la nature, autrement elle renoncerait à son œuvre, l'abandonnerait, et tout serait compromis. Si elle peut quelque chose sans nous, nous ne pouvons rien sans elle. Elle nous donne les sujets petits et les nourrit selon ses ressources et selon leurs besoins. Nous les voulons gros et pléthoriques, c'est à nous de développer leurs racines et de forcer la dose de nourriture.

Nos moyens pour en arriver là sont de diverses sortes :

1° Souvent, il nous suffit de semer clair en terre bien fumée et bien sarclée ;

2° D'autres fois, nous devons recourir à la transplantation, afin de renouveler complétement la terre et de multiplier le nombre des racines ;

3° D'autres fois encore, nous devons pincer et ébourgeonner afin de diminuer le nombre des convives et de nourrir mieux ceux que nous conservons ;

4° Nous devons aussi, dans certains cas, modérer la circulation de la séve, afin de favoriser la fructification ;

5° Il devient utile, en outre, de fumer et d'arroser à certains moments ;

6° Quand enfin nous avons des plantes annuelles capables de supporter l'hiver, nous devons prendre nos porte-graines parmi celles semées en automne, non parmi celles du printemps, parce que les premières ont les racines mieux développées et les feuilles mieux nourries que les secondes.

Moins les plantes cultivées sont éloignées de leur état de nature, moins il est difficile d'en obtenir de bonne graine ; pourvu que l'on espace bien les tiges des semenceaux, et qu'on leur donne un terrain qui convienne, la semence que l'on en retire reproduit assez fidèlement l'espèce ou la variété. C'est ce qui se passe avec les céréales, le chanvre, le lin et quantité d'autres plantes cultivées. Mais il n'en est pas moins vrai que si l'on avait soin de transplanter les jeunes semenceaux, on serait plus sûr de récolter de la graine irréprochable.

S'agit-il, au contraire, de plantes très-éloignées de leur état de nature, telles que les choux pommés, les laitues, les carottes, panais, céleris, etc., etc., il faut de toute nécessité recourir à la transplantation des porte-graines, afin de multiplier le chevelu ; et voici pourquoi. Supposons que nous ayons affaire à des choux : les racines, d'abord tendres et aptes à prendre beaucoup de nourriture pour développer la plante en quelques mois, finissent par devenir dures, coriaces et par fonctionner très-mal. L'année d'ensuite, il n'y a donc pas à compter sur les racines principales pour l'alimentation de la plante qui va nécessairement se mettre à fleurs. C'est alors que le chevelu se forme à l'extérieur de ces racines principales pour leur venir en aide ; mais il ne s'en forme pas toujours en aussi grande quantité que nous pouvons le désirer.

En transplantant les porte-graines de la plante en question, nous coupons bon gré mal gré un certain nombre de grosses racines et nous favorisons ainsi l'émission de petites racines, au bord et dans le voisinage des parties coupées ; en second lieu, nous donnons à la plante une terre riche à la place d'une terre usée. Nous pouvons compter sur de bonnes racines et une bonne nourriture, par conséquent sur de bonnes graines. Si nous voulions, au contraire, élever à titre de semenceaux des pieds de choux non transplantés au commencement de la seconde année, après l'entier développement de leurs pommes ou de leurs feuilles, nous ne récolterions que de la graine très-douteuse et en grande partie impropre à reproduire le type. Nous le savons, et beaucoup d'autres aussi le savent par expérience. Columelle disait déjà : — « On peut transplanter deux fois les choux, même très-grands. Et, en agissant ainsi, on assure qu'on obtient plus de graines et que cette graine acquiert plus de développement. »

Nous croyons que l'on ferait bien de tailler court les principales racines des pieds de choux avant de les transplanter au printemps de la seconde année. De cette manière, on provoquerait l'émission d'un plus grand nombre de radicelles, et les graines gagneraient certainement en quantité, en volume et en poids. Le raisonnement que nous venons de formuler plus haut nous confirme d'abord dans cette opinion; en second lieu, nous nous sentons appuyé aussi par un fait intéressant rapporté par M. Puvis. Cet auteur nous assure que les cultivateurs de la plaine de Caen retranchent une partie des racines dans le repiquage des colzas, et que M. Bella, l'ancien directeur de Grignon, voulant expérimenter cette pratique, obtint dix-huit litres de graines par are d'un colza dont la racine avait été retranchée à moitié, tandis que le colza à racines entières ne lui donna que seize litres et demi.

La transplantation est moins indispensable, si l'on veut, avec la laitue qu'avec le chou, parce que cette laitue est une plante annuelle dont les principales racines fonctionnent bien jusqu'au développement de la semence; cependant, il n'en est pas moins vrai que les laitues non transplantées dégénèrent au bout de quelques années et très-sensiblement, tandis que les laitues transplantées fournissent régulièrement de l'excellente semence et se maintiennent bien.

S'agit-il de carottes, de panais et d'autres plantes bisannuelles qui ne donnent de la graine valable que la seconde année, nous devons des soins tout particuliers à leurs semenceaux. Cette fois, encore, comme avec les choux, nous avons à produire du chevelu, et plus que n'en produirait la nature si on laissait les racines en place. La première année, quand elles se portent bien, elles sont tendres à l'intérieur, lisses à l'extérieur, et suffisent à leur nourriture. Mais, la seconde année, les vaisseaux séveux sont moins ouverts, se prêtent moins au passage des sucs nourriciers; le cœur se durcit et le chevelu se développe pour remplacer les parties de racines devenues inertes. Nous devons, par conséquent, aider au développement de ce chevelu : 1° par la transplantation; 2° par des incisions pratiquées sur les racines mères. Les parties incisées s'ouvriront en même temps que la végétation des porte-graines commencera, des bourrelets se formeront et donneront naissance à de nombreuses radicelles.

L'ébourgeonnement et le pincement sont d'une utilité reconnue toutes les fois que les semenceaux se chargent outre mesure de petits rameaux ou de rejets tardifs. C'est ce qui nous arrive, notamment avec les plantes du genre chou, sur lesquelles des rameaux fleurissent alors que la graine mûrit sur

la branche voisine. Ces deux opérations sont également très-utiles avec les semenceaux de bette, de
betterave, surtout dans les années pluvieuses, alors
que la végétation ne s'arrête pas et que les tiges à
graines s'allongent à l'excès. En pinçant, c'est-à-
dire en supprimant l'extrémité des porte-graines
de pois, de fèves, de haricots, etc., on obtient de
plus belles gousses qu'en négligeant les suppressions
des sommités.

Quand la circulation de la séve est trop fou-
gueuse, le porte-graines s'épuise à produire des
tiges et des feuilles, en sorte que la semence a plus
ou moins à souffrir de cet épuisement. Il y a donc
profit pour le cultivateur à le prévenir. A cet effet,
il doit s'arranger de façon à gêner un peu la marche
de la séve. C'est très-facile. Nous pouvons, en
premier lieu, placer obliquement les racines ou les
pieds des porte-graines au moment de la transplantation, ce qui n'empêchera point les tiges florales de suivre leur direction habituelle et de former
un coude ou un angle avec les racines ou les pieds.
La séve, obligée de courir dans une direction qui
ne lui convient guère et de décrire une courbe, se
ralentira, concentrera son action sur les parties
basses, y développera beaucoup de petites racines
et ne s'usera point à fabriquer des rameaux désor-
donnés. En retour, elle fabriquera plus de graines,
de meilleures et de plus hâtives. Les vieux cultivateurs qui, dans certaines localités, couchent leurs

racines de betteraves, de carottes et leurs pieds de choux destinés à porter graines, sont donc plus raisonnables qu'on ne pourrait le supposer avant d'avoir recherché la raison de cette pratique.

En second lieu, nous pouvons encore ralentir la circulation de la séve, soit en serrant un peu les tiges florales des porte-graines contre les tuteurs, soit en les palissant sur un angle plus ou moins ouvert.

L'engrais et l'eau doivent nécessairement jouer un rôle dans la culture des porte-graines. Par cela même qu'une plante dépense beaucoup plus de nourriture pour faire ses fruits que pour faire sa feuille, il est clair que le semenceau appelle l'engrais et l'arrosement à diverses époques : 1° à l'heure de la transplantation ; 2° au moment de la floraison ; 5° au moment où les jeunes graines se forment.

La préférence que l'on accorde, pour les porte-graines de plantes annuelles, aux sujets d'automne sur ceux du printemps, est aisée à comprendre. Premièrement, les sujets destinés à passer l'hiver en terre proviennent de semis exécutés en août ou septembre. Les plantes s'enracinent bien, redoutent moins les chaleurs que celles semées en mars ou avril, et se portent à merveille quand parfois ces dernières souffrent beaucoup. Secondement, un porte-graines robuste et solidement enraciné donnera toujours une meilleure semence qu'un porte-graines chétif et moins bien enraciné.

V

DE LA DURÉE DE LA FACULTÉ GERMINATIVE. — DES JEUNES
ET DES VIEILLES GRAINES.

Si vous demandiez aux cultivateurs ou aux écri-
vains spéciaux des renseignements sur la durée de
la faculté germinative des graines, aucun ne vous
les refuserait; mais vous seriez bien étonné du dé-
saccord qui règne entre eux. Vous voulez des chiffres absolus; on vous donne des chiffres relatifs.

« L'étrange discordance qui règne au sujet de
la durée de cette faculté, dans les diverses espèces
de plantes, dit M. de Gasparin, nous prouve com-
bien ce point a été peu étudié. » Ne serait-il pas
plus juste de reconnaître qu'un pareil sujet échappe
à l'étude et qu'il est impossible de fixer la durée
extrême de la faculté germinative de chaque graine,
parce qu'elle est subordonnée à diverses conditions,
dont nous ne sommes pas absolument maîtres. Cette
faculté se conserve d'autant mieux que la graine a
été récoltée dans un état parfait, par un beau temps,

et qu'elle a été soignée d'une manière irréprochable.

On aura beau dire que M. Desfontaine et M. Girardin ont fait germer, au bout de cent ans et plus, des haricots trouvés dans l'herbier de Tournefort; il n'en reste pas moins vrai que nous n'avons plus de confiance dans les haricots de trois ans.

On aura beau nous dire que de la graine de chou de dix ans est encore bonne à semer, ce qui est exact dans certains cas, d'après notre propre expérience; il n'en reste pas moins vrai qu'il ne faut pas toujours s'y fier, et qu'il arrive à de la graine de trois ou quatre ans de ne plus lever.

On aura beau nous dire que de la graine de navet ne vaut plus rien au bout de trois ou quatre années, ce qui est assez généralement vrai; nous répondrons que nous avons semé avec succès du navet de Saulieu de six ans.

Nous ne possédons pas de documents exacts sur la durée de la faculté germinative des graines, et nous n'en espérons pas. Si nous nous renfermons dans le cercle de la pratique journalière, nous constatons simplement que les semences de panais, d'oseille, de rhubarbe, de salsifis, de scorsonère, que les amandes, noix, et noisettes doivent être semées dans l'année qui suit la récolte. Nous ajouterons que le maïs, l'avoine, la carotte, le haricot, le pois, l'oignon, le porreau, la garance, le cerfeuil ne sont pas de longue durée, et que les plus durables sont la chicorée, le chou, le cardon, les courges, la bette poirée, les radis, le pourpier, la luzerne, le sainfoin, le colza, le tabac.

La vie de chaque sorte de graine a, sans doute, une limite qu'il n'est donné à personne de reculer, mais qu'il importe de ne pas réduire non plus par de mauvais procédés de conservation. Or, pour que ces graines se maintiennent le temps voulu par la nature, il convient, nous le répétons, de les récolter dans un état parfait de maturité et par un temps sec, et de ne pas confondre toutes celles d'un même semenceau, autrement on s'exposerait à des mécomptes. S'il est bien établi, parmi les praticiens, qu'à surface égale de terrain, il faut plus de graine vieille pour l'ensemencer que de graine jeune, c'est que la vieille perd, d'année en année, ses sujets défectueux, mal conformés et peu robustes par conséquent. Des semences choisies, même vieilles, n'auraient pas cet inconvénient.

Il convient ensuite, dès que la récolte a été faite dans de bonnes conditions, d'entourer les semences de différents soins.

« Aussitôt qu'elles sont cueillies, écrit M. Noisette, on les laisse se ressuyer et se dessécher lentement à l'ombre et à un courant d'air, puis on les renferme dans un sac de papier, et on les dépose sur des tablettes dans un lieu sec, d'une température peu élevée, mais cependant à l'abri de la gelée. On fera très-bien de conserver dans leurs

enveloppes naturelles celles qui auront un péri-
carpe sec et n'attirant pas l'humidité, telles qu'une
gousse, une silique, une capsule, etc. »

Ces conseils sont excellents. Toutefois nous préférons les sacs en toile au papier, ou bien, quand
nous en sommes réduits à ce dernier, nous le per-
çons de part en part et en divers endroits avec une
aiguille fine, afin de ménager à l'air une circulation
facile. A défaut de tablettes, nous réunissons nos
sachets dans un grand sac que nous suspendons à
la poutre ou aux poutrelles d'une habitation sèche
et plus froide que chaude, ou bien encore nous les
renfermons dans un panier d'osier où la circulation
de l'air se fait toujours librement. Quant à maintenir les graines dans les gousses ou les siliques,
c'est une bonne méthode assurément, un moyen
sûr de soutenir la faculté germinative ; mais ce
moyen a parfois un inconvénient que nous devons
signaler aux cultivateurs. Supposez que des larves
d'insectes se trouvent logées dans l'enveloppe, ce
qui arrive souvent avec les pois et les lentilles, par
exemple, la plus grande partie y passera, tandis
qu'avec les graines écossées nous faisons un choix
et mettons de côté les semences véreuses.

Les graines redoutent la grande chaleur, l'humidité et le manque d'air. C'est pour cela que nous
conseillons, d'une part, de les mettre en lieu qui ne
soit ni chaud, ni humide, dans la toile plutôt que
dans le papier, aux poutrelles du plancher plutôt

que dans un tiroir ou sous clef; c'est pour cela que, d'autre part, certains connaisseurs conseillent de secouer les graines en sac tous les mois pour les aérer. Nous ne saurions les blâmer en ceci. Oui, l'air est de toute nécessité pour les graines. Si les haricots pris dans l'herbier de Tournefort ont germé au bout de cent ans, c'est que l'air ne leur avait jamais manqué; si on les eût conservés dans un flacon bien cacheté, le germe n'aurait peut-être pas vécu cinq ans. — « Nous avons, rapporte M. de Gasparin, semé des blés qui avaient été tenus en petite quantité dans des bocaux mal fermés, et qui ont bien réussi, quoiqu'ils eussent une vieillesse probablement assez grande. Il n'en est pas de même des blés amoncelés dans des greniers ou placés dans des silos..... Il est donc essentiel de tenir les blés destinés à la semence assez étendus pour qu'ils ne soient pas privés du contact de l'air. »

Il serait essentiel aussi, ajoutons-nous, de conserver en meules le plus longtemps possible les céréales dont on voudrait prolonger la faculté germinative, ou de pelleter les céréales battues toutes les semaines, ou de ventiler les tas au moyen de tuyaux.

Les graines enfouies à une certaine profondeur dans la terre s'y conservent ordinairement bien et souvent pendant un grand nombre d'années. De là notre usage de soumettre à la stratification les graines dont la faculté germinative s'affaiblit très-vite, c'est-à-dire de les conserver en pot ou en caisse entre des couches de terre; de là aussi l'usage de semer de suite ou presque de suite, après leur maturité, certaines graines qui se maintiennent vigoureuses jusqu'au printemps suivant, tandis que trois ou quatre mois seulement de sac ou de conservation dans une chambre les altère ou les paralyse. Ainsi, nous nous trouvons bien de semer dès le mois de novembre et même pendant tout l'hiver, quand le temps le permet, les graines de panais, de carottes, d'arroche, de pourpier, cerfeuil, persil, etc., etc., qui se conservent là mieux et plus sûrement que dans nos tiroirs et nos sacs.

Il nous reste maintenant à dire quelques mots des graines jeunes et des graines vieilles, ou plutôt du mérite des unes et des autres. Sur ce point, les avis ont été de tout temps et resteront longtemps encore partagés.

Nous admettons, avec les horticulteurs, que les vieilles graines donnent communément des fleurs plus doubles et des fruits meilleurs; mais, bien entendu aussi, des tiges plus faibles.

Nous voulons bien croire que des graines d'un certain âge nous donneront plus de gousses et moins de fanes que des graines de l'année.

Nous reconnaissons aussi que les plantes provenant de semences jeunes sont plus sujettes à filer et à s'emporter que celles provenant de graines âgées.

Nous reconnaissons que les graines âgées sont

plus propres que les autres à donner des variations.

Mais nous n'allons pas plus loin. Pour tout ce
qui regarde l'abondance des feuilles et la vigueur
des tiges, nous préférons la jeune graine à la vieille.
La nature la préfère également, puisqu'elle n'en
emploie pas d'autre pour la multiplication de ses
plantes, et qu'elle recommence tous les ans ses
semis avec la graine de l'année. Si nous invoquons
ce fait avec empressement, c'est que nous aimons
à nous rencontrer avec elle, à la copier, à nous
étayer de son autorité, et que nous ne nous sentons
réellement fort que quand elle endosse la respon-
sabilité de notre manière de voir.

Si nous avions à faire des fleurs doubles, nous
aurions recours à des semences vieillies et dé-
crépites.

Si nous avions un terrain trop sujet à la verse
des céréales, nous y sèmerions volontiers du froment de deux ou trois ans au plus.

Nous n'hésiterions pas non plus à planter des
haricots, des pois, des fèves, des lentilles de deux
ans, dans l'espoir d'obtenir plus de gousses et
moins de fanes qu'avec les graines de l'année.

Nous sèmerions volontiers aussi de la vieille
graine, en vue d'obtenir des variations, puisqu'elle
en produit plus que la jeune.

Mais dans tous les autres cas, et surtout lorsque
nous avons à faire de la feuille en abondance, nous

4

ne voulons que de la semence fraîche. On va peut-
être nous objecter que certaines semences fraîches
sont d'une levée plus difficile qu'à l'âge de deux
ou trois ans, comme la graine de valérianelle ou
mâche, par exemple ; mais c'est là une de ces très-
rares exceptions qui ne détruisent pas la règle et
qui doivent avoir une raison d'être que nous ignorons. L'enveloppe de chaque graine de mâche n'y
est-elle pour rien ?

A nos yeux, la jeune graine lève mieux et donne
des plantes plus vigoureuses et plus robustes que
la vieille. L'inconvénient que l'on reproche à ces
plantes, celui de s'emporter en assez grand nombre,
provient tout simplement de ce que nos jeunes
graines ne sont pas récoltées avec soin. Celles-ci
sont bien conformées et ne montent pas ; celles-là
sont incomplétement développées et produisent en
conséquence des plantes défectueuses, incapables
de se soutenir plusieurs années de suite et se mettant à fleurs dès la première. C'est un signe de fragilité, rien autre chose.

Sans doute, les graines âgées ne sont pas mieux
choisies que les précédentes, mais celles qui sont
défectueuses, mal conformées, qui eussent monté
si on les avait semées de suite, meurent dans le sac
en vieillissant, et ne nous rendent pas témoins de
leurs infirmités. Il n'y a que les robustes qui sur-
vivent ; les jardiniers le savent si bien qu'ils sèment
toujours clair les graines jeunes, et toujours dru les

graines vieilles. Dans le premier cas, tout lève, le bon, le médiocre et le chétif; toutes les graines se mettent en route au risque de ne pas arriver indistinctement au but et à l'heure; dans le second cas, les robustes germent seules.

Si nous choisissions bien nos graines à la récolte, la levée serait complète avec les vieilles comme avec les jeunes; seulement, les vieilles donneraient des plantes plus délicates, plus faibles que les jeunes.

VI

DU RENOUVELLEMENT DES GRAINES DE SEMENCE.

Où que vous alliez, les cultivateurs vous diront que le changement, que le renouvellement des graines de semence est d'une utilité reconnue, quand il n'est pas d'une nécessité absolue. Cet accord unanime entre praticiens, dans toutes les contrées et à toutes les époques, mérite une attention particulière et ne saurait être mis au rang des préjugés ridicules. Le principe du renouvellement repose sur des observations nombreuses et pré-

cises; seulement, on a eu le tort de vouloir en
généraliser l'application et de n'établir aucune
distinction entre les plantes cultivées. — « C'est
» dans les pays dont le sol est plus riche, écrit
» M. de Gasparin, que les contrées à sol pauvre
» vont chercher des semences qui, à la première
» et même à la seconde génération sont plus pro-
» ductives, et ont plus de netteté, parce qu'elles
» proviennent d'une culture plus soignée. On tire
» la graine de lin de Riga, celle du chanvre de
» la Mayenne, celle de la garance de Vaucluse;
» le Nord s'approvisionne au Midi de graine de
» luzerne et de sainfoin. Nos cépages du Midi
» donnent plus d'alcool que ceux du Nord, mais
» c'est du Nord qu'il faut les rapporter au Midi si
» l'on veut produire des vins plus fins et pourvus
» de bouquet. »

Il y a un siècle, on tirait la graine de trèfle de
la Flandre, de la Bourgogne et de l'Italie, comme
on tirait de Tours la graine du cardon d'Espagne,
de Malte la graine de choux-fleurs, et d'Italie celle
du melon.

M. Van-Hall écrit de son côté : « Le renouvel-
» lement des graines à semer, soit en les faisant
» venir d'une autre contrée ou d'une autre terre,
» comme, par exemple, le lin qu'on tire du port de
» Riga, soit en les prenant d'un sol sablonneux
» pour les semer sur des terres argileuses, ou bien
» l'inverse, les amener de l'argile sur du sable ;

» cette mesure, peu connue et encore moins ap-
» préciée, est cependant une de celles qui ont les
» plus heureux succès. Une des raisons qui expli-
» quent ces bons résultats, provient de ce que les
» plantes adventices, les mauvaises herbes du vul-
» gaire, apportées avec les bonnes graines, ne
» prospèrent pas transportées sur un sol étranger
» à leur nature, comme les plantes des plaines
» sablonneuses qui périssent sur les plateaux ar-
» gileux, et *vice-versá;* alors par leur mort elles
» nettoient les moissons à récolter. »

Duhamel Dumonceau disait : — « Les bons fer-
» miers observent de ne pas semer toujours dans
» leurs terres des graines de leur récolte. Ils
» changent de temps en temps leurs semences en
» les tirant des pays où les froments sont nets
» d'herbes et bien conditionnés : ils achètent aussi
» par préférence le grain des glaneuses, parce que
» les épis étant choisis un à un, ces grains sont
» toujours exempts de mauvaises herbes et sans
» aucune touche de noir. »

Toutes ces raisons en faveur du renouvellement
de la semence sont peu concluantes ; aussi, depuis
Tessier, qui déclare avoir connu des cultivateurs
soigneux qui ne changeaient jamais leurs grains de
semence et avaient toujours de superbes récoltes,
beaucoup de cultivateurs ont mis en doute l'utilité
de ce renouvellement.

A notre point de vue, il est aussi déraisonnable

de poser en principe la nécessité absolue du changement de semence que d'en contester absolument l'utilité dans divers cas.   ..

Il est évident que certains sols sont plus favorables que d'autres à certaines plantes, qu'elles s'y développent mieux et y acquièrent des propriétés particulières, à raison de la composition du terrain et du climat. En conséquence, il y a profit pour le cultivateur moins favorisé à tirer de là ses graines, qui hériteront des bonnes qualités de la plante et les continueront pendant une année ou deux au moins. Ainsi, le lin de Riga étant plus beau, plus élevé que le nôtre, nous trouvons très-naturel qu'on demande de la graine de Riga et qu'on s'en trouve bien pendant une ou deux générations. Nous admettons que la luzerne et le sainfoin du Midi fournissent de meilleures graines que celles des contrées se rapprochant du Nord, puisque la luzerne et le sainfoin y sont plus beaux qu'ailleurs ; mais il ne paraît pas nécessaire de généraliser l'emploi du procédé, et d'aller chercher chez les autres de la semence qui peut être excellente chez soi. Si nous réussissons à obtenir dans nos exploitations, petites ou grandes, des variétés très-recommandables, rien ne nous empêche de les maintenir. Les cultivateurs de Riga font leur semence de lin et ne la tirent ni de la Hollande ni de la Belgique ; les cultivateurs de la Mayenne font également leur semence de chanvre, en vendent et ne songent point à en acheter d'autre

à leurs voisins. Les cultivateurs de navets de Saulieu ou de navets d'Orret ne trouveraient pas leur
compte à s'approvisionner de semence à l'étranger;
d'où nous concluons qu'un renouvellement de
graines n'est pas indispensable dans la plupart
des cas.

Nous sommes, nous, d'une contrée à froment et
le produisons de qualité supérieure; cependant,
bon nombre de personnes dédaignent la semence
qu'elles récoltent, et l'achètent, chaque année, dans
l'Auxois, à quatre ou cinq lieues de là, dans le
calcaire des montagnes, pour l'amener dans les
alluvions argileuses de la plaine. Quelques-uns —
c'est l'exception — sèment au contraire le froment
de leur récolte et n'ont pas lieu de se plaindre.
D'après cela, nous sommes persuadé que si l'on
prenait la peine de bien choisir la semence, on
n'aurait pas à craindre la dégénérescence dans une
terre réputée terre à froment.

Selon nous, chaque contrée est en position de
créer et de maintenir les espèces et variétés propres
à son climat et à son terrain. Les Hollandais se
passent très-bien aujourd'hui de la semence de
choux-fleurs de Malte, et pourraient, au besoin, en
vendre aux Maltais; les Belges se passent très-bien
de la semence de trèfle de Bourgogne et n'en ont
pas moins des récoltes prodigieuses. Si nous ache-
tons en Ardenne de la graine de rutabagas d'Écosse,
c'est par routine, par habitude; il est certain que

nous la produirions aussi bien que les Écossais. Si nous faisons venir de Londres notre semence de carottes d'Altringham; du Pas-de-Calais, celle de carottes d'Achicourt, c'est que nous le voulons bien, puisque nous avons le terrain et le soleil pour les faire chez nous. S'il s'agissait d'introduire dans le Nord une plante du Midi ou dans le Midi une plante du Nord, dans le calcaire une plante des terrains primitifs, *et vice-versâ*, ce serait une autre affaire. On s'expliquerait alors la dégénérescence, et il deviendrait absolument nécessaire de s'approvisionner de semence à la source pour maintenir les plantes en question. Quand, par exemple, nous cultivons ici la garance, elle ne tarde pas à perdre sa richesse en matière colorante, et il devient nécessaire de la renouveler avec des graines du Midi; mais, dans les cas ordinaires, avec nos récoltes, qui s'accommodent parfaitement du terrain et du climat, nous ne pouvons pas admettre la nécessité des changements de semence, à moins que nous ne tenions à introduire des variétés particulièrement recommandables et d'une supériorité bien établie.

Nous voudrions que, dans chaque contrée, les cultivateurs s'attachassent à améliorer les espèces végétales du pays par elles-mêmes, comme nous faisons pour les espèces animales. Mieux vaudrait créer, fixer et entretenir que de changer tous les ans ou tous les deux ans, de même qu'il vaut mieux améliorer une race de vaches par un bon choix de reproducteurs que de faire venir de l'étranger, à des époques plus ou moins éloignées, des troupeaux de Durham, de Schwitz ou de Fribourg.

Si nous procédions à l'amélioration de nos races végétales par elles-mêmes, nous arriverions vraisemblablement, au bout de quelques générations à former des races de toute beauté qui vaudraient les plus vantées et nous dispenseraient du renouvellement des espèces.

Or, c'est en vue de ce perfectionnement que nous avons entrepris ce travail, que nous appelons l'attention des cultivateurs sur la culture des porte-graines, et que nous allons traiter de cette culture pour ce qui concerne les céréales, les racines, les tubercules, les plantes industrielles, les fourrages artificiels, les fourrages permanents et les légumes du potager.

VII

PORTE-GRAINES DE CÉRÉALES.

Nous ne connaissons pas de fermiers qui fassent une culture spéciale de porte-graines de céréales.

Ils prennent la semence parmi le grain de leur propre récolte, ou bien ils l'achètent au marché, à l'approche des semailles. Voilà ce qui se pratique le plus ordinairement. Pourvu que cette semence paye de mine et de poids, et soit bien propre, ils se tiennent pour satisfaits.

En ce qui regarde le froment (fig. 1), certains amateurs ont soin cependant de débarrasser les gerbes des mauvaises herbes qui peuvent s'y trouver, et de battre légèrement les épis, sans délier ces gerbes, afin de ne détacher que les graines les plus mûres. Ils suivent en ceci le conseil donné par Olivier de Serres d'abord, et ensuite par Duhamel du Monceau.

D'autres ont la patience de récolter un à un les plus beaux épis d'un champ, toujours après leur plus complète maturité; puis, ils les battent au fléau, passent les grains au crible et gardent les plus beaux pour semence.

Cette dernière méthode fera peut-être rire les lourdauds de l'agriculture; mais les hommes de quelque intelligence ne la dédaigneront pas. Son seul inconvénient, c'est de prendre beaucoup de temps. Reste à savoir s'il ne serait pas possible d'amoindrir cet inconvénient.

Fig. 1. (Blé.)

La cueillette devient d'autant plus longue et plus
fastidieuse, que les beaux épis sont moins com-
muns dans une emblave; mais si nous avions le
bon esprit de cultiver à part nos céréales pour semence et de leur accorder des soins particuliers, il
est évident que nous produirions du beau, que nous
n'aurions que l'embarras du choix, et que la cueillette des épis deviendrait plus rapide.

A cet effet, nous voudrions que chaque fermier
réservât une certaine quantité de terrain pour la
production spéciale de la semence des céréales de
toutes sortes. Nous voudrions que ce terrain fût
riche en vieil engrais, bien préparé par les labours
et les hersages, qu'on l'ensemençât en lignes, de
façon à pouvoir y pratiquer aisément les sarclages
et les binages, et qu'entre deux planches ou billons
de céréales, il y eût une planche consacrée à la culture d'une plante très-peu développée en hauteur,
comme la betterave, la carotte, le navet, le rutabaga, la pomme de terre, etc., etc. De cette
manière, l'air et la chaleur circuleraient en toute
liberté et favoriseraient la végétation sur tous les
points. Nous aurions ainsi des tiges d'une belle
venue, des épis superbes et des grains de choix,
incontestablement. Nous pourrions compter en
toute sécurité sur une pareille semence, tandis que
celle tirée de nos gerbes ordinaires ou du marché,
et criblée même avec le plus grand soin, promet
souvent plus qu'elle ne tient, par cette raison

connue qu'un grain parfait peut sortir d'un épi défectueux et hériter des défauts de sa mère.

— Ce mode de culture favorise le tallage et retarde un peu l'époque de la maturité, vont objecter les gens du Nord et des climats humides.

— C'est vrai, répondrons-nous, mais ce n'est point une raison pour le proscrire ailleurs.

Quand nous aurons obtenu de chaque fermier qu'il fasse ses porte-graines de céréales en lignes, par billons distancés; quand il aura consenti à les sarcler, à les éclaircir, à les biner, à les traiter, en un mot, avec toutes les attentions nécessaires, nous pourrons déjà répondre de la qualité de la semence, et ne redouterons plus guère la dégénérescence. Cependant, notre dernier mot ne sera pas dit.

Nous croyons que, pour fabriquer de la graine de céréales dans la perfection, on devrait, sous les climats favorables, les semer d'abord en pépinière, comme nous semons le colza, et les repiquer ensuite pied à pied, à 15 ou 20 centimètres de distance. Les quelques journées de travail que l'on dépenserait à cette besogne minutieuse, seraient très-généreusement payées par l'excellence du produit. Grâce à ce procédé, on ferait mieux que de maintenir les variétés les plus difficiles; on les améliorerait dans bien des cas. Les céréales repiquées donneront toujours de plus beaux épis et de plus beaux grains que les céréales semées à

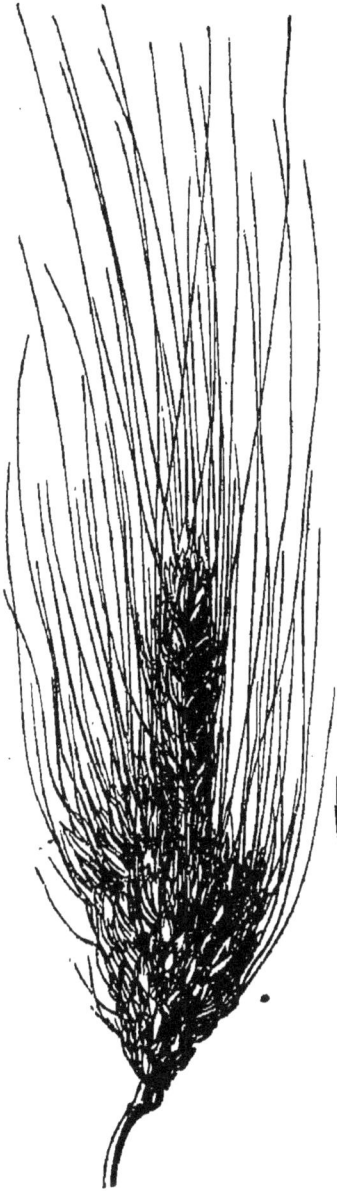

Fig. 2. (Blé de Smyrne.)   Fig. 5. (Avoine.)

demeure. Tenez-vous, par exemple, à ce que le blé de Smyrne ou de Miracle (fig. 2), à ce que le beau froment d'Australie ne dégénèrent point, repiquez les tiges destinées à porter la semence, et vous réussirez, sinon, non.

Quatre-vingt-dix-neuf cultivateurs sur cent vont rire de la recommandation. Qu'est-ce que cela prouvera? Il nous suffit que le centième raisonne et comprenne. Nous attachons plus d'importance à la qualité des adhésions qu'à la quantité. Et, d'ailleurs, lorsqu'on a vu des cultivateurs estimables conseiller le repiquage général des froments dans les localités où la main-d'œuvre abonde; lorsqu'on a vu, de temps immémorial, et que l'on voit encore, chaque année, des cultivateurs belges, ceux de Templeuve, entre autres, repiquer, au printemps, des céréales d'automne sur les terrains dégarnis par les rigueurs de l'hiver, il nous semble qu'il ne serait point absurde de procéder de la même façon pour obtenir d'excellents porte-graines.

La chose importante à nos yeux, c'est de semer à part les céréales destinées à la reproduction, de les semer clair, soit à la volée, soit en lignes et au semoir, ou mieux encore de transplanter des pieds de belle apparence. Ceci admis, le cultivateur devra nettoyer l'emblave avec une attention extrême et donner aux épis le temps d'arriver à une maturité parfaite, au risque de perdre un certain nombre de graines.

Une fois cette maturité obtenue, le cultivateur fera bien de fauciller les épis au lieu de faucher les tiges, de les piqueter ou même de les scier près de terre. De cette façon, il n'imprimera pas de secousses aux céréales et ne les égrénera point. Enfin, il fera bien aussi de déposer les épis sur des draps, comme s'il s'agissait de navette ou de colza, en vue d'éviter les pertes qu'occasionnent le javelage, le gerbage et le tassement sur les chariots, pertes d'autant plus regrettables qu'elles portent sur la meilleure semence.

Il va sans dire que la récolte des graines de reproduction devra être faite, autant que possible, par un temps sec et après la disparition de la rosée.

Il n'est pas nécessaire de battre les céréales de porte-graines aussitôt leur arrivée à la ferme; il y aurait, au contraire, de l'avantage à les laisser dans l'épi le plus longtemps possible et à ne les en détacher qu'au moment des semailles; malheureusement, le cultivateur ne dispose pas toujours de vastes emplacements, et les grains nus tiennent moins de place au grenier que les grains en épis. Donc, nous ne pouvons raisonnablement lui demander qu'une chose, c'est de ne battre le grain reproducteur qu'en dernier lieu, après qu'il aura battu le grain de la vente ou de la consommation. Il aura ainsi une semence vigoureuse et qui germera vite.

Le battage exécuté, il aura soin de passer la graine au crible et de conserver la plus belle, qu'il étendra au grenier, sur une épaisseur de 50 à 35 centimètres, et qu'il remuera avec la pelle tous les quinze jours ou tous les mois. Ces précautions sont nécessaires pour aérer le grain, prévenir la fermentation et conserver intactes les facultés germinatives. Avec la mise en tas, on affaiblit les facultés en question ; autrement dit, les graines qui ont manqué d'air lèvent moins promptement et moins bien que les graines parfaitement aérées.

En cas d'année défavorable, de germination sur le terrain, de récolte difficile, on peut très-bien se servir de graines de deux ans. Selon Duhamel, « dom le Gendre, cellérier de l'abbaye de Saint-» Martin-de-Seès, craignant un mauvais succès des » froments germés, fit, en 1754, semer cinquante » acres de terre avec du froment vieux. Cette pièce » de froment faisait, à la récolte suivante, l'admi-» ration de tout le canton, pendant que les terres » voisines, qui avaient été ensemencées avec des » semences nouvelles et germées, produisirent fort » peu. »

Ce même dom le Gendre sema également de la vieille avoine, qui passe pour ne rien valoir, et s'en trouva bien.

À ce propos, nous disons qu'avant de semer de vieilles céréales, il nous paraît convenable de les mouiller avec de l'eau tiède et de les ressuyer soit

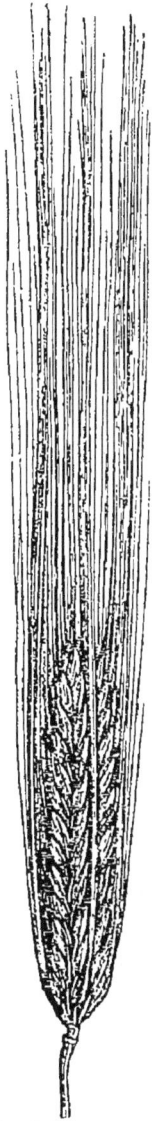

Fig. 4. (Orge commune.) Fig. 5. (Escourgeon.)

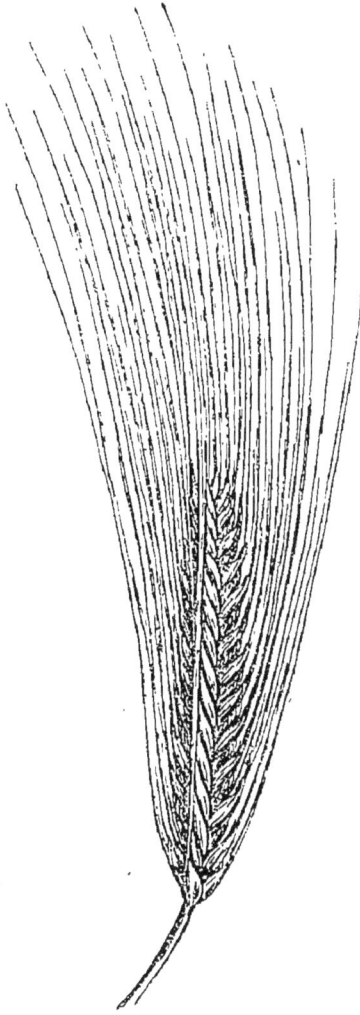

5.

au soleil, soit avec des cendres de bois avant de s'en servir.

Pour en finir avec ce chapitre, il nous semble utile d'enseigner aux amateurs la manière de créer de nouvelles variétés ou plutôt de nouvelles variations de céréales. A cet effet, il convient de semer de la graine de deux, trois ou quatre ans, car plus la semence est âgée, plus il y a de chances d'obtenir des nouveautés. Lorsque les épis de l'emblave sont parfaitement formés, on les visite, on les examine de près et l'on marque d'un signe quelconque les sujets d'une beauté exceptionnelle, que l'on récolte à part et que l'on cultive ensuite séparément. Il est bon aussi de marquer, parmi les beaux épis, ceux qui mûrissent le plus tôt, de les recueillir, de les semer, et de chercher de nouveau, l'année suivante, parmi les épis de la récolte, ceux qui mûriront encore les premiers, pour les semer sur quelque coin de terrain préparé. En continuant ainsi de choisir de beaux épis précoces, on arrivera, au bout de cinq ou six ans peut-être, ou un peu plus tard, à créer une céréale hâtive, conquête précieuse pour les climats un peu rudes. C'est

Fig. 6. (Épeautre.)

ainsi que l'on a formé les variétés de froment,
dites de printemps, et le seigle de mars. On pourrait de même avancer la maturité des avoines (fig. 3),
orges (fig. 4 et 5) et épeautres (fig. 6).

VIII

PORTE-GRAINES DES RACINES FOURRAGÈRES DE LA GRANDE CULTURE.

Les racines de la grande culture sont la carotte,
le panais, la betterave, le navet, le rutabaga et le
chou-navet. Pour faire leurs graines, il faut choisir
des racines de moyenne grosseur, parce que les
plus grosses peuvent avoir été forcées au delà des
limites raisonnables, et ont plus de tendance que
les autres à dégénérer. On prendra celles qui auront
de belles formes, la peau lisse et claire et le plus de
poids; on rognera légèrement l'extrémité de ces
racines; on les incisera en deux ou trois places, à
quelques lignes de profondeur, comme font les gens
qui incisent l'écorce des arbres pour y tracer des
figures ou des caractères; puis, on les plantera à
50 ou 60 centimètres de distance les unes des autres

et un peu inclinées, comme l'on fait pour des bou-
tures d'osier, toujours en riche terre ; enfin , pendant le cours de la végétation, alors que les porte-
graines seront assez développés pour craindre les
coups de vent, on aura soin de les maintenir avec
des tuteurs. Nous n'avons pas besoin de répéter que
les variétés de la même espèce et que les espèces
du même genre demandent à être le plus possible
éloignées les unes des autres, sans quoi il y aurait
croisement et abâtardissement des races. Voilà les
principales règles à observer pour l'ensemble ; pas-
sons maintenant aux détails.

CAROTTE. — Si, dans le domaine de la grande
culture, vous tenez à imiter les maraîchers de Paris,
vous semerez vos carottes à la fin de juillet, vous
les couvrirez de litière secouée ou de feuilles sèches
pendant la rude saison, et, à la sortie de l'hiver,
vous les arracherez et vous transplanterez, à titre
de porte-graines, les racines qui vous plairont. La
transplantation faite, vous les arroserez en temps
sec jusqu'à la mi-juin et vous récolterez la graine en
juillet ou août. Nous ajouterons, si vous le per-
mettez, que, pendant le cours de la végétation, on
se trouverait bien de pincer les rameaux faibles
qui ne partent pas directement de la tige, afin de
rejeter la séve sur les autres parties.

Vous récolterez les ombelles au fur et à mesure
que la graine brunira et se soulèvera, autant que
possible par un temps sec ; vous porterez ces om-

belles au grenier, et, au bout d'une quinzaine de jours, vous les égrènerez et vous mettrez la semence en sac.

Fig. 7. (Carotte.)

Voici maintenant un autre procédé : — Vous avez, nous supposons, semé des carottes en mars ou avril; vous les arracherez donc en octobre ou, au plus tard, en novembre. A ce moment, mettez de côté les plus jolies racines, enlevez la fane à quelques lignes du collet, soit en la cassant, soit en la coupant; puis conservez ces racines de choix comme vous l'entendrez. Les uns ouvrent une fosse profonde, ronde ou carrée, y déposent les racines par rangées séparées, recouvrent la fosse d'un bon toit de paille pendant l'hiver, donnent de l'air pendant les journées douces et replantent les racines après le dégel. D'autres conservent leurs porte-graines en cellier ou en cave, dans du sable ou de la terre fine. Quelques-uns enfin prennent une ou plusieurs caisses, y placent leurs racines lit par lit avec de la terre, recouvrent les caisses, les enterrent au dehors contre un mur, et s'arrangent de façon que la gelée pas plus que l'eau des pluies ne puisse les endommager.

Chacune de ces méthodes a ses avantages et ses inconvénients. La première est la plus facile, la plus expéditive; mais, sous les climats du Nord, est-on bien sûr que la litière ou les feuilles sèches suffiraient à sauver les carottes de la gelée? Et puis, dans les localités où les campagnols abondent, est-on bien sûr qu'ils épargneraient ces racines? Il est permis d'en douter. Néanmoins, c'est à essayer.

En cave, il est à craindre que la végétation ne se fasse trop tôt et que la racine ne s'épuise en feuilles étiolées.

Nous avons plus de confiance dans les celliers un peu froids et dans les fosses ouvertes à un mètre et demi ou deux mètres de profondeur, et recouvertes d'un chaume épais pendant les grands froids, comme cela se pratique dans le pays de Liége.

PANAIS. — De même que pour les carottes, on peut semer des panais vers la fin de juillet, les couvrir en hiver, les arracher et les replanter après le dégel. On peut également laisser passer l'hiver aux

Fig. 8. (Panais.)

panais semés en mars et en avril, et ne point les recouvrir. Quelques racines pourrissent au collet ; mais, dans ce dernier cas, il en reste bien assez pour servir de porte-graines. Dès que la jeune feuille se montre et marque la place des racines,

on les arrache avec la fourche ou la bêche, selon
les pays, on les transplante et l'on arrose au besoin.
Pendant le cours de la végétation, on supprime les

Fig. 9. (Betterave.)   Fig. 10.

pousses qui se développent sur les rameaux latéraux.

Au moment des grandes sécheresses, il convient
de surveiller de près les plantes. Si les pucerons

venaient à se porter sur les feuilles, on les détruirait avec un tampon de flanelle, ou mieux d'ouate mouillée d'eau salée.

Dès que la graine brunit et commence à se détacher des ombelles, on coupe celles-ci et on les porte au grenier. Quand la récolte est complète et la graine bien sèche, on la frotte entre les mains pour la détacher et on la met en sacs.

BETTERAVES. — On prend, à l'automne, de belles racines que l'on conserve en silos, en cave ou en cellier; dans le courant de février, si elles commençaient à pousser, on les transporterait dans une pièce sèche, un peu froide et bien éclairée. Aussitôt que les gelées ne sont plus à craindre, on les plante, on les arrose au besoin, mais modérément. Pendant la végétation, on supprime les pousses tardives et l'on pince les rameaux principaux ainsi que l'extrémité de la tige (fig. 9 et 10).

On se trouverait bien de palisser cette tige et ces rameaux à la manière des espaliers, afin de ralentir à volonté la végétation par les courbes et la pression des ligatures.

On récolte la graine le plus tard possible; on achève la dessiccation à l'ombre, au grenier ou sous un hangar, et l'on ne conserve ensuite que les graines de la partie moyenne de ces sortes d'épis; car celles du haut et du bas ont été moins bien nourries que celles du milieu.

NAVET. — Il n'y a pas à compter sur la conserva-

tion des navets tendres en cave, pour les transplanter à la sortie de l'hiver. Ils se maintiennent mieux
en plein champ, soit en place et recouverts d'une
forte couche de terre, à l'imitation de la pratique
flamande, soit enterrés dans des rigoles de 50 centimètres de profondeur environ. Quant au navet dur
d'Écosse, on peut très-bien lui faire passer l'hiver en
tas, au beau milieu de la cour de la ferme, avec la
précaution de le recouvrir de paille et d'un peu de
terre à l'approche des gelées. Si l'hiver devenait
rude, on jeterait du fumier d'écurie par-dessus la
terre. Beaucoup de personnes ont l'attention de
placer leurs navets sous un hangar ou contre un
mur et de les recouvrir de la manière indiquée plus
haut. Elles ont tort en ceci, car les navets abrités
de la sorte s'échauffent et pourrissent plus vite
que ceux entassés au milieu des cours.

A la sortie de l'hiver, on découvre les racines et
on les transplante. Durant la végétation, on doit
supprimer les pousses tardives et chétives; on ne
conserve que les branches principales partant de
la tige, et l'on arrose en temps de sécheresse.

Avec ces porte-graines, les pucerons, les altises
et les petits oiseaux sont à craindre. Quant aux
pucerons, on s'en défait avec de l'eau salée; —
quant aux altises qui s'attachent aux fleurs, on
pourrait les éloigner avec de fréquents et légers
arrosages, mais l'eau aurait, sans aucun doute, des
inconvénients pour la fécondation. Il vaut donc

mieux agiter de temps en temps les tiges florales avec la main, troubler le plus possible le repos des insectes et les forcer ainsi à déserter. — On préservera les graines de l'atteinte des oiseaux, soit avec des filets, soit avec des épouvantails quelconques. Ceux-ci enveloppent les porte-graines à trois places différentes avec du cordon rouge; ceux-là se servent de mannequins, de vieux chapeaux effondrés, de vieux rubans qui s'agitent à l'air, de petits moulins à vent, d'oiseaux de proie empaillés, de fragments de miroir suspendus deux par deux à des fils, s'entre-choquant lorsque l'air est en mouvement, ou lançant des reflets lorsque le soleil donne.

Au fur et à mesure que les grains mûrissent, on les coupe pour les rentrer. Si l'on attendait un peu trop longtemps, les siliques s'ouvriraient et la meilleure semence se perdrait.

Par cela même que la graine de navet se conserve excellente pendant trois années au moins, il n'est pas nécessaire de mettre à semence plusieurs variétés dans une même année et de s'exposer à des croisements, difficiles à éviter. Rien ne nous empêchera de planter, en 1859, des porte-graines du navet d'Écosse; en 1860, des porte-graines de rave du Limousin; en 1861, des porte-graines du navet de Norfolk ou de toute autre variété.

Dans le cas où l'on tiendrait à multiplier le nombre de ces variétés, on ferait bien de s'entendre

avec des amis ou des voisins qui cultiveraient des
semenceaux d'une sorte, tandis que vous ou moi
pourrions en cultiver d'une autre sorte. Il n'y aurait
plus ensuite qu'à faire des échanges.

Malheureusement, plutôt que de vivre en bon
accord dans nos campagnes, et de produire partout
la semence dont on a besoin, on vit chez soi et uniquement pour soi; puis, l'on achète à beaux deniers
comptants, à droite et à gauche, au hasard, au
premier venu, des graines dont personne ne saurait répondre, pas même celui qui les vend.

Rutabaga. — Les rutabagas ou navets de Suède
passent fort bien l'hiver, tantôt en place sous les
climats doux, tantôt en cave ou mieux en tas dans
la cour de la ferme et sous une couverture de paille
et de terre. On les replante, comme les navets ordinaires, à la sortie de l'hiver, et on traite les porte-
graines exactement de la même façon (fig. 11).

Chou-navet. — Le chou-navet ou navet de La-
ponie, comme on le nomme encore, ressemble
beaucoup au rutabaga, dont il nous paraît être le
type. La conduite des semenceaux est donc la
même pour l'un que pour l'autre.

Fig. 11. (Rutabaga.)

6.

Cependant, il y a quelquefois possibilité de forcer la production de la graine sur les variétés qui ordinairement n'en fournissent point. Le moyen consiste à empêcher les tubercules de se développer, à les enlever délicatement au fur et à mesure qu'ils se forment, afin de rejeter la séve dans les tiges fatiguées outre mesure ; ou bien il consiste à courber, à tourmenter les tiges trop vigoureuses, afin d'y ralentir la circulation de la séve ; ou bien enfin à courber les tiges d'une part, et à supprimer des tubercules de l'autre. Ce dernier procédé devrait réussir sur la pomme de terre chardon, parce qu'il y a exubérance de vie en terre et au-dessus de terre.

On plante plutôt les pommes de terre qu'on ne les sème, et pour trois raisons : 1° Parce que la plantation reproduit plus promptement le tubercule que le semis ; 2° parce que la plantation reproduit fidèlement la variété désirée, tandis que le semis donne beaucoup de variations ; 3° parce que la plantation n'exige pas tous les petits soins qu'exige le semis.

Quoi qu'il en soit, nous n'en devons pas moins reconnaître que, pour les pommes de terre, aussi bien que pour les autres plantes, le semis est le moyen naturel, c'est-à-dire le meilleur et le plus sûr moyen de multiplication. Chaque fois que la pomme de terre dégénère à la suite de la plantation ou bouturage, chaque fois que, fatiguée, affaiblie à l'ex-

trème, elle n'a plus la force de résister aux intempéries, aux rigueurs des saisons, nous sauvons
l'espèce par le semis. Les vieilles races ne sont pas
plus tôt ravagées par les maladies, que de nouvelles,
obtenues de graines, viennent les remplacer peu à
peu et calmer l'inquiétude des populations. Cela
s'est vu en 1817 ; cela s'est vu dans ces derniers
temps ; cela se verra encore dans l'avenir, n'en
doutez point.

De fois à autres, l'on objecte que des pommes
de terre de semis ont eu tout autant à souffrir que
des pommes de terre plantées. C'est vrai ; mais
oserait-on soutenir que la graine employée provenait
de plantes saines ? N'y a-t-il pas lieu de croire
qu'elle provenait en majeure partie de plantes
affaiblies ? Or pourquoi voudrait-on que des enfants
de père et mère malades eussent une santé robuste ?
— Nous péchons toujours par le manque d'observation et de raisonnement ; nous courons follement
à l'impossible, puis nous paraissons tout surpris
des insuccès qui nous attendent ; nous semons des
phthisiques et sommes étonnés de ne pas récolter
des hercules. C'est d'une puérilité sans nom. Nous
l'avons dit plus d'une fois et nous ne nous lasserons
pas de le répéter, parce que, selon l'énergique ex-
pression de Victor Borie, on a moins de peine à
propager vingt sottises qu'à faire admettre une vé-
rité.

M. Van Hall a écrit, à propos de la graine de

pommes de terre : — « Si l'on sème des pommes
« de terre, il faut être prudent sur le choix des
« porte-graines qui ne peuvent donner de la sécurité
« dans leur progéniture que si l'*année est bonne et*
« *favorable*. Je suis convaincu, par l'expérience
« que j'en ai faite, que les semis de pommes de
« terre, confiés au sol pendant les années qui ont
« suivi l'apparition de la maladie de ces plantes,
« n'ont avorté pour la plupart et malgré tous les
« soins dont ils ont été l'objet, que parce que les
« graines portaient sur elles le germe du fléau. La
« communication du principe morbide est visible
« sur les jeunes plantes. »

Ces observations de M. Van Hall ne sont pas à
dédaigner; cependant, il est un point sur lequel
nous ne sommes pas absolument d'accord avec le
savant hollandais : il ne suffit pas, selon nous,
qu'une année soit bonne et favorable pour que la
graine de pommes de terre nous donne une sécurité
parfaite; il faut de plus que le semenceau soit sain
et robuste.

Une année bonne et favorable peut momentanément préserver de la pourriture une pomme
de terre usée et délicate, de même qu'elle peut prolonger de quelque temps la vie d'un vieillard; mais
elle ne rend pas plus la force à cette race de
pommes de terre qu'elle ne rend au vieillard ses
jambes de quinze ans. Exemple : Nous avons ici
une variété de pommes de terre, de qualité tout à

fait supérieure, la *corne de gate* ou corne de chèvre de l'Ardenne.

Il y a quinze ou vingt ans, la variété en question était superbe et d'une longueur telle qu'on pouvait lier les tubercules par bottes. Aujourd'hui, ceux que la maladie a épargnés sont en général petits et très-sensibles aux années pluvieuses. On ne cultive plus la corne de gate que chez les amateurs, en petite quantité, à titre de reconnaissance pour les services rendus; ce tubercule passe à l'état de souvenir historique. Et cependant, l'année dernière, ainsi qu'en 1857, il s'est bien porté; il a fourni passablement, il a bien fleuri et a donné de la graine. Or, cette graine qui, d'après M. Van Hall, devrait nous rassurer quant au succès du semis, ne nous rassure pas du tout. Elle lèvera, mais vienne une mauvaise année, ou une série de contretemps, ses produits ne résisteront pas. Nous aurions confiance, au contraire, dans la semence de pommes de terre inattaquées jusqu'ici par la maladie, alors même que cette graine se serait développée et aurait mûri par un mauvais temps.

Nos considérations posées et nos réserves faites, il ne nous reste plus qu'à vous entretenir de la récolte de la semence et du semis.

Cette semence, vous le savez, se trouve renfermée dans des baies très-charnues ou petites pommes rondes de la grosseur des billes qui servent aux jeux des enfants. Vertes d'abord, leur couleur s'affaiblit à l'approche de la maturité, puis la partie inférieure du pédoncule ou queue qui les porte se ride, se dessèche, se rompt, et les graines tombent sur le sol, après la mort des fanes ou en même temps. C'est le moment de les recueillir et de les étiqueter pour savoir à quelle variété ou variation elles appartiennent. Cette distinction est utile, en ce sens que la graine d'une race aura toujours une certaine tendance à la reproduire avec ses qualités. Si, par exemple, j'emploie de la graine d'*yeux bleus*, j'aurai beaucoup de variations; mais, parmi ces variations, il se rencontrera des plants qui ressembleront à la mère. Si j'emploie de la graine de *corne de chèvre*, de *neuf semaines* ou de toute autre race fructifère, il en sera de même, et il peut se faire que j'aie intérêt à ce qu'il en soit ainsi.

Le plus souvent, il est d'usage de laisser les baies de pommes de terre se ramollir en tas et arriver à un commencement de décomposition. Après cela, on les écrase dans de l'eau jusqu'à ce que la pulpe disparaisse et se réduise à l'état liquide! Alors, on laisse reposer quelques minutes et l'on décante. Les graines restent au fond du vase. On les verse sur du papier non collé et on les change de papier plusieurs fois par jour, soit au soleil, soit dans le voisinage d'un foyer, et jusqu'à ce qu'elles soient bien sèches. — C'est un travail de patience, mais il ne présente aucune difficulté.

Parfois, on ne prend pas la peine de dégager la

semence des baies, on plante tout simplement ces baies en terre dans le courant de novembre. C'est la méthode naturelle, et nous l'avons suivie pour nos graines de la dernière récolte.

Lorsque nous avons de la graine sèche, nous la semons au printemps en très-riche terre, parfaitement divisée; nous la frappons avec le plat de la main pour la fixer seulement, car elle est si fine, que, si on l'enterrait un peu trop, elle ne lèverait point. Enfin, aussitôt fixée, nous la recouvrons d'une très-légère couche de terreau bien menu, et nous mouillons légèrement de fois à autres en temps de sécheresse.

Lorsque les plantes sont levées, nous prenons soin de les éclaircir, et, dès qu'elles ont atteint six ou huit centimètres de hauteur, nous les transplantons à quarante centimètres de distance.

A la fin de la première année, nous récoltons des tubercules de toutes les sortes, de toutes les formes, et dont le volume varie entre la grosseur d'une noix et celle d'un petit œuf de poule. A l'automne, dans les terres légères et sèches, ou au printemps suivant, dans les sols un peu frais, nous plantons ces tubercules et nous obtenons déjà en seconde récolte de superbes produits. Parfois, ce n'est qu'à la troisième année que les tubercules atteignent leur développement complet.

Nous dégustons les tubercules, nous conservons

7

les meilleurs; quant à la qualité et au rendement, et nous sacrifions les autres.

C'est ainsi que l'on crée les races de pommes de terre. Pour les rendre précoces, autant que possible, il suffit de marquer d'une baguette ou d'un signe quelconque les touffes qui se mettent en fleurs les premières. On réserve les tubercules de celles-ci pour la reproduction, et comme les nouveaux plants ne fleurissent pas tous en même temps, on marque derechef les touffes les plus avancées, et ainsi de suite, d'année en année, et l'on réussit de la sorte, au bout d'un temps plus ou moins éloigné, à produire les races dites hâtives, précoces ou avancées.

X

PORTE-GRAINES DE PLANTES INDUSTRIELLES.

Sous ce titre, nous comprenons les plantes textiles (chanvre et lin); les plantes oléagineuses (colza, navette et pavot); les plantes tinctoriales (garance, gaude et pastel), et enfin diverses autres plantes non classées, telles que le tabac, la chicorée,

la cardère, la moutarde, le sorgho, la betterave à
sucre et le houblon.

PLANTES TEXTILES. — *Chanvre*. — Autrefois, on

Fig. 13. (Chanvre.)

vantait la graine de la Mayenne, comme on vante
aujourd'hui la graine de lin de Riga. Cette grande
réputation s'est éteinte peu à peu, non parce qu'elle
était imméritée, mais parce que, dans toutes les

contrées, chaque cultivateur s'est habitué à faire sa graine et à s'affranchir d'un tribut en argent. Reste à savoir maintenant si la graine de chanvre est partout bien faite.

Ce n'est point notre avis.

Le chanvre est une plante dioïque ; autrement dit, les pieds mâles sont distincts des pieds femelles. Or, il arrive, dans beaucoup de cas, que l'on se hâte trop d'arracher les mâles, que la fécondation n'a pas lieu ou n'a lieu qu'incomplétement, et que le chènevis récolté ne vaut rien comme semence. Philippe Miller a appelé l'attention de ses contemporains sur ce point, en traitant du choix des graines de chanvre : — « On choisit, écrivait-il, » le chènevis le plus lourd et qui est en même » temps le plus brillant; et, comme on doit apporter » le plus grand soin dans le choix des semences, » on en ouvre quelques-unes, afin de reconnaître » si les germes sont bien formés. Cette » précaution est d'autant plus nécessaire que, dans » beaucoup d'endroits, on arrache les plantes mâles » avant que leur poussière séminale ait imprégné » les germes des femelles. Les graines qui sont » fournies par de pareilles plantes, quoiqu'en apparence » belles et pleines, sont néanmoins stériles, » ainsi que l'ont éprouvé les habitants de » trois paroisses de la province de Lincoln, Bickar, » Swineshead et Dunnington, qui cultivent le » chanvre en grande abondance et qui ont payé

» fort cher cette expérience... On ne doit arracher .
» le mâle que lorsqu'il se flétrit. »

L'inconvénient signalé par Miller se reproduit très-souvent encore de nos jours en France et en Belgique. Nos ménagères n'attendent pas toujours que les fleurs mâles soient flétries pour arracher les pieds que l'on désigne généralement dans nos villages sous le nom de *pieds femelles*, tandis que les véritables pieds femelles sont appelés mâles.

Admettons même, si vous le voulez, que les choses se passent autrement et que l'on arrache au moment convenable, il n'en restera pas moins certain que les graines prises au hasard sur des champs ensemencés à la volée, sur des plantes très-rapprochées les unes des autres, n'auront pas toutes les qualités désirables. C'est pourquoi nous voudrions que l'on fît à part un semis spécial, très-clair, uniquement destiné à produire le chènevis de semence. Les avantages de cette méthode ne paraissent point ignorés, puisque certains cultivateurs, en Bourgogne notamment, ont bien soin d'éparpiller quelques graines parmi leurs champs de pommes de terre, afin d'obtenir des sujets vigoureux, branchus et parfaitement propres à la reproduction.

Il est évident pour nous que si ce procédé trouvait de nombreux imitateurs, on n'aurait plus rien à craindre de la dégénérescence.

Nous ne sachions pas que la transplantation des

7.

porte-graines de chanvre, mâles et femelles, ait été appliquée ; nous ne sachions pas non plus qu'elle soit facile ; et c'est pourquoi nous ne la conseillons point. Nous nous en tenons aux semis très-clairs sur un coin de terrain.

Lorsque la graine de chanvre est bien mûre, et l'on s'en aperçoit à la teinte jaunâtre que prennent les feuilles de l'épi, on arrache les pieds; on les place contre un mur, une haie ou une perche attachée horizontalement à des pieux ; on les laisse se dessécher à l'air plusieurs jours, en ayant soin de les recouvrir de mauvaises herbes le soir pour les soustraire à la rosée ; puis, quand la dessiccation est suffisante, on bat les têtes contre un billot et sur un large drap, ou mieux contre les douves d'un tonneau défoncé par un bout. Il va sans dire qu'on doit les battre très-légèrement, de manière à ne détacher que les meilleures graines. Celles qui exigent quelques efforts ne sont bonnes que pour fabriquer de l'huile.

Lin. (Fig. 14.) — La nécessité de s'approvisionner de lin de Riga ou de la Zélande, mais surtout de Riga, pour nos contrées, est établie de vieille date et se maintient énergiquement. Les marchands de graines y trouvent leur compte, mais les cultivateurs n'y trouvent point le leur. Ce serait donc leur rendre un signalé service que de les décharger de cet impôt. Est-ce possible? Nous l'ignorons ; dans tous les cas, c'est à essayer.

Un fait hors de doute, c'est que le lin de Riga
est plus beau que les lins des Flandres, et qu'on se
trouve bien de semer sa graine. La première ré-

Fig. 14. (Lin.)

colte conserve les caractères du type et donne de
la semence de qualité recommandable ; mais, dès la
seconde génération, il y a dégénérescence, et il faut
retourner à la graine de Riga.

Bosc dit qu'un observateur qui a écrit sur la culture du lin en Hollande, prétend que, pour avoir
de la bonne semence, il convient de semer le lin

dans une terre argileuse. D'autre part, chacun sait que les semis clairs sont de nécessité absolue dans la circonstance, et enfin personne n'ignore que le repiquage est le moyen le plus sûr pour empêcher la dégénérescence des plantes. Si donc nous prenions la peine de choisir un terrain argileux, de semer clair et de repiquer, *au moins momentanément*, si la chose est possible — ce que nous ignorons — il y a lieu de croire que le succès couronnerait nos essais.

En outre, rien ne nous empêcherait, avec un semis clair, de choisir des sujets de la plus belle venue et de fixer, à la longue, une race qui peut-être ne le céderait pas au lin de Riga. Il est évident qu'avec de l'attention et du soin nous viendrions à bout de créer un lin de choix propre à nos localités et qui nous dispenserait de renouveler nos semences à l'étranger tous les deux ou trois ans. Malheureusement, il serait difficile de trouver des cultivateurs assez dévoués, assez zélés pour se livrer à cette besogne de patience. On ne doit compter, pour cela, que sur les amateurs et les jardins botaniques.

PLANTES OLÉAGINEUSES. — *Colza.* — Le plus ordinairement, en ce qui regarde le colza d'hiver, on le sème en pépinière pendant l'été, on le repique à l'automne, et l'année d'ensuite on le récolte en une seule fois dès que la majeure partie des siliques sont à peu près mûres. La maturation s'achève sur

place; on bat sur le terrain ou à la ferme, et
une partie de la graine battue sert de semence
au cultivateur. Le procédé n'est pas à recommander.

Nous aimons mieux l'usage de certaines
localités qui consiste à laisser sur pied,
au moment de la récolte générale, les plus
belles tiges de l'emblave, afin de compléter
autant que possible leur maturité. Il y a
progrès assurément. La semence qui mûrit
naturellement sur de fortes tiges est préférable à celle qui mûrit en meules et qui
provient indistinctement de tiges belles et
chétives.

Pour faire de l'excellente graine de colza
d'hiver, nous conseillons de semer clair en
pépinière et de repiquer à part les plants
destinés à fournir de la semence pour la
reproduction de l'espèce. A cet effet on
choisira les plantes vigoureuses entre

Fig. 15.

toutes; on incisera la racine dans le sens de la
longueur et en divers endroits, ou bien on rognera
un tiers de cette racine, afin de provoquer l'émission d'un chevelu abondant. Tout aussitôt, par un
temps couvert, ou tout au moins à partir de quatre
heures de l'après-midi pendant les journées
chaudes, on repiquera à deux pieds d'intervalle en
tous sens, à la charrue ou au plantoir, et l'on aura
soin de tenir les porte-graines inclinés, de façon à

établir une courbe et à empêcher la séve de passer trop vite de la racine dans la tige.

Enfin, et certes ce n'est pas abuser de la patience du cultivateur, on devra, pendant le cours de la végétation de ces semenceaux, pincer ou supprimer les rameaux en retard et les rameaux secondaires et plus ou moins frêles qui partent des branches latérales. La graine récoltée sur les tiges et sur les branches qui partent directement de ces tiges, sera toujours de meilleure qualité que celle récoltée au hasard, un peu partout. On se rappelle les expériences faites en Hollande à ce sujet. Quant à l'utilité des incisions ou de la suppression partielle des racines, on se rappelle également la pratique des cultivateurs de la plaine de Caen, qui se trouvent très-bien de cette suppression, et des essais comparatifs de M. Bella père, ancien directeur de l'école de Grignon, qui, après avoir coupé la moitié de la racine de ses plantes de colza, obtint plus de graines, et de la graine plus grosse et plus lourde qu'avec les racines entières. On doit la conserver avec les menues pailles pour l'empêcher de fermenter.

Navette. — On sème la navette à demeure; mais il nous semble que, pour faire sa graine, on se trouverait bien de lui appliquer les opérations recommandées pour le colza.

Pavot ou *œillette* ou *olivette*. (Fig. 16.) — Nous ne ferons qu'une courte recommandation à l'endroit

de cette plante oléagineuse. Avec le pavot noir,
dont les capsules s'ouvrent à la maturité, il convient
d'être attentif, de secouer à temps les capsules sur
du linge ou dans des tabliers et de conserver les
premières graines, qui sont toujours les meilleures.

Fig. 16. (Pavot.)

Celles que l'on obtient à la seconde secousse sont
de qualité inférieure et donnent des plantes plus
tardives. Avec le pavot aveugle, dont les capsules ne s'ouvrent pas, il faut attendre la maturité
parfaite, les bien dessécher, incliner les plus fortes

têtes en bas sur un drap, agiter légèrement, à petites secousses, et tenir pour graine excellente celle qui tombera la première.

On se trouverait bien de faire les graines de pavot séparément, sur une terre qui n'en aurait pas porté depuis sept ou huit ans, en lignes bien espacées, et en ayant soin de fixer les têtes à des tuteurs, après leur complet développement; car, avec les procédés ordinaires, et quelque précaution que l'on prenne, il devient difficile d'attendre la complète maturité de la semence, sans s'exposer à des pertes importantes.

PLANTES TINCTORIALES. — *Garance*. — La garance est une plante du Midi, que l'on a cultivée beaucoup en Belgique et que l'on cultive même encore un peu sur certains points de la province du Limbourg. A mesure qu'elle se rapproche du Nord, qu'on la dépayse, cette plante souffre nécessairement plus ou moins, et ses racines deviennent moins riches en matière colorante. Cela étant, il est tout naturel que l'on demande au Midi les graines de cette plante et qu'on les renouvelle pour chaque semis. Une garancière de deux ans donne déjà de la graine de bonne qualité, mais la semence d'une garancière de trois ans, qui n'a pas été maltraitée par les coupes fourragères, doit être préférée.

« La graine de garance, écrit Bosc, étant de » nature cornée, demande à être semée avant sa

» dessiccation, sans quoi elle se durcit au point de
» ne plus germer ou de ne germer qu'au bout de
» deux ou trois ans. Lorsqu'on ne peut l'em-
» ployer de suite, il faut donc la garder dans de

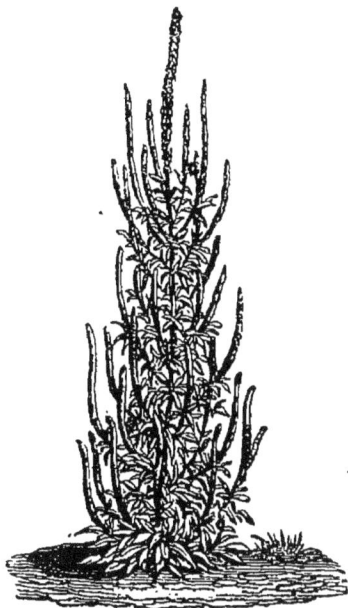

Fig. 17. (Gaude.)

» la terre ou du sable humide, la stratifier, comme
» disent les jardiniers. La plus grosse et la plus
» mûre est la meilleure. »

Gaude (fig. 17). — Il est d'usage de récolter la gaude alors que les graines ne sont pas entièrement mûres. On aurait donc intérêt à réserver un cer-

tain nombre de plantes pour la semence, à prolonger leur maturation et à ne les enlever qu'au
moment convenable, par la rosée, à déposer

Fig. 18. (Pastel.)

les tiges de gaude sur un drap, au soleil, à les
secouer ensuite légèrement et à s'en tenir aux
premières graines tombées.

Pastel (fig. 18). — Beaucoup de cultivateurs

prennent plusieurs coupes de fourrage dans les
champs de pastel et laissent, l'année suivante, la
plante monter à graine, pour les besoins de l'exploi-
tation. C'est un abus. Il y a plus d'un siècle que
Miller faisait inutilement cette observation. —
« Quand les planteurs, écrivait-il, veulent con-
» server la semence, ils coupent trois fois les
» feuilles et laissent ensuite les plantes jusqu'à
» l'année suivante pour produire des graines;
» mais, si on ne les coupe qu'une fois, et si dans
» cette récolte on n'enlève que les feuilles exté-
» rieures, en laissant celles du milieu, les plantes
» seront plus vigoureuses et produiront une plus
» grande quantité de semences.

» On conserve souvent les graines pendant deux
» ans; mais celles de l'année précédente sont
» toujours préférables quand on peut s'en pro-
» curer. Ces graines mûrissent dans le mois d'août.
» On fait cette récolte quand les légumes sont de-
» venus un peu noirs, en coupant les tiges par le
» pied. On les étend en rangs sur la terre, et,
» quatre ou cinq jours après, on les bat pour en
» tirer les semences, pourvu que le temps soit sec.
» Si on les laissait plus longtemps sur la terre,
» les légumes s'ouvriraient et laisseraient tomber
» la graine. »

PLANTES INDUSTRIELLES DIVERSES.—*Tabac*(fig. 19.)
— Le tabac donne sa graine facilement, même en
Ardenne. A l'effet de l'obtenir, on commence,

bien entendu, par éloigner le plus possible les
diverses variétés les unes des autres, et l'on réserve,
parmi les plantes repiquées, le nombre d'exem-

Fig. 19. (Tabac.)

plaires nécessaires pour la provision de semence.
On les fume avec excellent terreau, on les arrose
de temps en temps, et l'on se garde bien de
toucher à leurs feuilles. On doit soigner la tige

et supprimer par le pincement la plupart des rameaux, afin qu'ils ne gaspillent point la séve. On récoltera toujours assez de graines; l'important, c'est de les récolter bonnes.

Comme les tiges de tabac prennent beaucoup de développement en hauteur, il faut leur donner des tuteurs pour les protéger contre les coups de vent, et les gêner du haut contre ces tuteurs, afin de faciliter la maturité.

Chicorée (fig. 20). — Il s'agit ici de la variété sauvage à grosse racine, que l'on torréfie et que l'on moud ensuite pour frelater le café. On peut indifféremment conserver les racines en terre, en cave ou en silos et les replanter au printemps de la seconde année, à la façon des carottes et des panais. La floraison se fait très-irrégulièrement, et la maturation des graines est très-lente. Celles qui mûrissent pendant les chaudes journées de l'été doivent être préférées aux autres.

Cardère (fig. 21).—Le plus souvent, on se contente de ramasser la graine de cardères sur les greniers où on les fait sécher. Il en résulte que la semence, provenant des premières têtes, se trouve confondue avec la semence des secondes têtes, qui lui est bien inférieure en volume et en qualité. On ferait mieux de réserver pour graines un certain nombre de pieds de cardères et d'empêcher, par le pincement, le développement des têtes secondaires, au profit des têtes principales.

8.

Fig. 20. (Chicorée.)

Moutarde. — Cette plante industrielle, dont la graine est très-recherchée pour divers usages, de-

mande les mêmes soins que le colza pour ses semenceaux, mais on ne les lui donne pas.

Fig. 24. (Cardère.)

Sorgho. — Le sorgho ne donne ses graines, dans
le nord de la France et en Belgique, que très-
exceptionnellement. Sous le rapport des semenceaux, nous n'avons point à nous en occuper.

Betterave à sucre. — Les porte-graines de betteraves à sucre doivent être choisis parmi les plus
denses, les plus sucrées, soit en se rendant compte
de leur densité en les plongeant dans de l'eau salée,

soit en les analysant d'après le procédé de M. Louis
Vilmorin. Quant à la culture de ces porte-graines,
elle ne diffère en rien de celle des betteraves fourragères.

Houblon. — Il va sans dire que le houblon
peut se reproduire de graine, puisque c'est par
ce moyen que l'on a créé les variétés communes;
mais, comme ce procédé est généralement négligé,
on nous permettra de le passer sous silence.

XI

PORTE-GRAINES DE PRAIRIES ARTIFICIELLES.

Trèfle commun (fig. 22). — La bonne graine
de trèfle n'est pas aussi répandue qu'on pourrait le
croire. Tantôt, elle a été récoltée sur des tiges trop
frêles; tantôt, elle n'a pas atteint un degré de maturité convenable, et la moisissure s'en est empa-
rée; ou bien encore, l'on a forcé sa dessiccation au
four; ou bien, enfin, elle est trop âgée. Plus elle
est grosse, lourde, luisante, et plus sa couleur se
rapproche du jaune doré et s'éloigne du violet,

mieux elle vaut. Quand cette graine a été séchée
au four, son brillant disparaît; elle se ternit et
passe sensiblement à une nuance brune.

Fig. 22. (Trèfle commun.)

Dans son *Traité des prairies artificielles*, Gil-
bert a établi que la graine de trèfle de Hollande
avait plus de poids, en son temps, que celle du
trèfle de Normandie, et que la première ne
perdait qu'un neuvième de ce poids au lavage,
tandis que la seconde en perdait un cinquième. On
s'est expliqué cette grande différence en faisant

remarquer que les Hollandais font leur première
coupe de bonne heure, afin de donner à la semence
le temps de bien mûrir sur la seconde pousse,
tandis qu'autre part il est rare que l'on prenne
cette précaution. D'ordinaire, on ne veut s'imposer

Fig. 25. (Trèfle rampant ou *coucou*.)

aucun sacrifice pour arriver à de bons résultats.
Philippe Miller nous apprend que les fermiers anglais, ses contemporains, péchaient beaucoup sous
ce rapport, et Mathieu de Dombasle a soin de nous
dire : « C'est toujours sur une seconde coupe de
» trèfle qu'on récolte la graine. Il est bon de faire la
» première coupe de bonne heure dans la saison,
» afin que la graine n'arrive pas trop tard à la ma-
» turité. »

Il y aurait mieux à faire encore : on devrait
réserver une partie de terrain pour y produire les
porte-graines de trèfle, semer plus clair que de
coutume, afin d'obtenir de plus belles tiges et par

conséquent de plus belles têtes; on devrait en
outre demander la semence à la récolte principale,
au lieu de la demander au regain, afin d'arriver à une maturité prompte, complète, et de

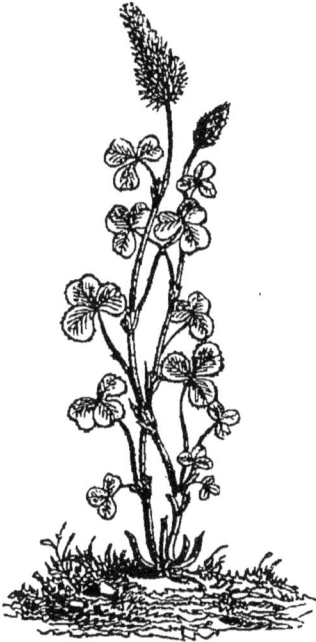

Fig. 24. (Trèfle incarnat.)

rendre ainsi le battage plus facile et la graine de
toute première qualité. Ce que l'on perdrait en
fourrage, on le gagnerait facilement d'ailleurs.
C'était l'opinion de Miller; c'était aussi celle de
Bosc qui écrivait : — « Le plus communément, on

» réserve la seconde pousse de la seconde année
» des trèfles pour semences ; cependant le principe
» que plus les plantes sont vigoureuses et plus la
» graine est grosse et plus les semis sont beaux,
» devrait engager à toujours employer la première
» pousse de la seconde année. »

De son côté, M. de Gasparin se prononce contre
les semis trop serrés : — « Les luzernes, les sain-
» foins, les trèfles trop serrés, dit-il, produisent des
» tiges grêles, peu ramifiées. Il y a donc une cer-
» taine discrétion à mettre dans le rapprochement
» de ces plantes. Il n'est pas bien sûr que la pra-
» tique soit encore arrivée à ce point juste qui
» pourrait favoriser le plus grand développement. »

Pour nous, il est hors de doute qu'un cultivateur
qui ferait ses graines de trèfle à part, sur une première récolte bien claire, bien propre, réaliserait
une excellente innovation.

Dès que la plupart des têtes sont mûres, on les
fauche par un beau temps; on met le trèfle en an-
dains et on le retourne une fois. En temps de pluie,
on le lie par petites bottes que l'on place debout sur
leur base, afin que l'eau ne séjourne point à la partie supérieure. Dans certaines contrées, on récolte
les têtes d'abord, et on les met en sac pour les conduire de suite à la ferme. En second lieu, on fauche les tiges. Cette méthode exige plus de frais de
main-d'œuvre que la précédente, mais elle n'en est
pas moins très-recommandable.

Il n'est pas nécessaire de battre de suite au fléau les porte-graines du trèfle. Il suffit de bien les dessécher, de les conserver en grange jusqu'à l'heure des besoins, de les étendre de nouveau au soleil, sur des draps, pour faciliter la séparation de la semence, et d'opérer ensuite le battage. Gardez-vous bien de la dessiccation au four, car elle peut avoir de gros inconvénients.

« La facilité de la séparation, écrit M. de Dom-
» basle, dépend entièrement de la parfaite dessic-
» cation de la graine ; lorsqu'elle a été exposée à un
» soleil brûlant, en couches très-minces pendant
» plusieurs heures, on en extrait davantage dans
» une heure de travail, soit au fléau, soit de toute
» autre manière, si on la traite encore toute chaude,
» que dans six heures, lorsqu'elle n'est pas complé-
» tement desséchée. »

« La graine de la dernière récolte, dit Bosc, est
» celle qu'il est bon de préférer ; cependant, il se
» trouve des cultivateurs dont l'opinion est que celle
» de deux ans est meilleure. S'ils voulaient avoir
» des fleurs doubles ou des fruits fort gros ou nom-
» breux, je serais de leur avis ; mais comme ce sont
» des tiges et des feuilles, je me range de celui du
» plus grand nombre. »

Les graines de trèfle que nous livre le commerce sont dépouillées de leur enveloppe ; mais, quand nous les produisons nous-mêmes, nous avons intérêt parfois à ne pas les en dépouiller, attendu

9

qu'elles valent mieux que les graines nues pour les
semis de printemps en terre sèche. ·

« C'est ainsi, dit M. de Gasparin, que le semis
» de trèfle incarnat, par exemple, que l'on n'a pas
» dépouillé de sa bourre, que celui du sainfoin qui
» reste dans sa gousse, réussissent sans qu'il soit
» nécessaire d'enterrer les graines, ces enveloppes
» étant des corps hygroscopiques qui conservent
» longtemps l'humidité, et mettent la graine à l'abri
» des causes de desséchement. Par la même raison,
» quand on veut faire réussir des semis de luzerne
» ou de trèfles faits dans une saison suspecte sous
» le rapport de la sécheresse, il convient de ne pas
» mettre leur graines à nu, comme on le pratique
» pour les rendre marchandes. »

Sainfoin (fig. 25). — Les bonnes graines de
sainfoin se reconnaissent principalement à la couleur, qui doit être ou grise à reflets bleuâtres, ou
d'un brun luisant avec l'intérieur d'un beau vert.
La graine d'une couleur brun terne est échauffée;
la graine blanche ou pâle a été récoltée trop tôt.

On doit prendre la graine du sainfoin sur une
prairie artificielle bien enracinée, de deux à trois
ans au plus, semée clair, bien traitée, bien fumée.
Comme elle mûrit très-irrégulièrement, sa récolte
exige beaucoup d'attention. Il faut saisir le moment
où les premières semences formées, c'est-à-dire les
meilleures, sont prêtes à se détacher, couper les
plantes le matin, à la rosée, sans imprimer de se-

cousses, les transporter à la grange le soir même
pour les faire sécher, conserver la graine avec sa
paille, ne battre qu'au moment de semer, ou, si l'on

Fig. 25. (Sainfoin.)

juge à propos d'exécuter le battage plus tôt, étendre
la graine dans un grenier, par couches très-minces
et remuer souvent pour l'empêcher de s'échauffer.

Nous n'avons pas besoin de répéter que les graines conservées dans leurs enveloppes conviennent

mieux pour les semailles de printemps et en terres
sèches que les graines nues.

« Il est très-important, dit Mathieu de Dom-
» basle, de n'employer que la graine de la dernière
» récolte, car celle qui est trop vieille ne germe pas,
» et, en général, il n'est aucune semence qu'il soit
» plus difficile de se procurer de bonne qualité,
» lorsqu'on ne l'a pas récoltée soi-même, parce que,
» indépendamment de la propriété qu'elle possède
» de perdre promptement sa faculté germinative,
» cette semence s'égrène très-facilement au moment
» de sa récolte, en sorte que les personnes qui ont
» le projet de la vendre sont disposées à la récolter
» avant sa maturité, afin d'en moins perdre : on
» ne peut donc apporter trop d'attention au choix
» de cette graine. »

Luzerne (fig. 26 et 27). — La semence de choix
est brune, luisante et pesante. Quand elle est blan-
châtre ou verdâtre ou d'un noir terne, elle ne vaut
rien.

Autrefois, on ne prônait en France que la graine
de luzerne des provinces méridionales; de leur
côté, les Anglais n'en connaissaient pas de supérieure à celle qu'ils tiraient de la Suisse et du nord
de la France; aujourd'hui, l'on s'accorde à reconnaître qu'on peut l'obtenir de bonne qualité partout
où la plante mère réussit bien.

Avec la luzerne, comme avec le trèfle et le sainfoin, on devrait semer une partie de prairie à part

et la soigner tout particulièrement en vue de la récolte de la semence. Ainsi, on devrait semer fort

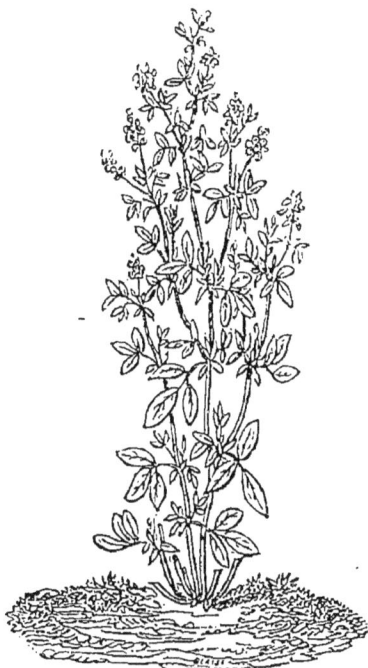

Fig. 26. (Luzerne.)

clair, tenir le champ très-propre, arroser à propos

Fig. 27. (Graine de luzerne.)

avec de l'engrais liquide et constituer ainsi de fortes
tiges.

9.

Assez souvent, on ne prend la graine que sur de vieilles luzernières que l'on se propose de rompre, et parfois même sur le deuxième regain, dans les contrées favorisées, afin de cumuler tous les profits à la fois. Mauvais calcul; on n'a ainsi que de la graine de plante usée qui transmet nécessairement les défauts de la mère avec la même fidélité qu'elle transmettrait ses qualités.

Plus ordinairement, on récolte la graine sur le premier regain, autrement dit sur la deuxième coupe d'une luzernière de trois ans. Il y a progrès, sans doute, mais progrès trop insensible pour nous satisfaire. Nous admettons la récolte de la semence sur une luzernière de trois ans, mais nous voudrions que l'on fît cette récolte sur la première pousse de l'année.

De véritables amateurs ont poussé l'attention jusqu'à recommander le repiquage de plants de luzerne de deux ans et même de trois ans, pour en faire des porte-graines. Nous ne protesterons pas assurément contre cette méthode, qui doit être excellente, mais nous ne la conseillerons point, parce que ce serait prêcher dans le désert.

Il ne nous paraît pas absolument nécessaire de détruire une luzernière qui a donné sa semence. Nous savons bien que la production de la graine fatigue le terrain, et que, dans les conditions ordinaires, il n'y a plus à compter sur un fourrage abondant; mais si l'on hersait et fumait convena-

blement une luzernière porte-graines, il n'y aurait
point nécessité de la détruire après l'enlèvement de
la semence.

Il convient de bien laisser mûrir cette semence
sur pied. Tantôt, on la fauche, on la sèche, et l'on

Fig. 28. (Vesce.)

attend, pour la battre, que l'heure des semailles
soit venue; tantôt, on ne coupe que les sommités de
la luzerne mûre pour les exposer ensuite au soleil
sur des draps, les battre, les conserver en grange
avec la menue paille, ou bien les vanner tout de suite.

Vesce (fig. 28). — Cette fois encore, nous conseillons un semis clair et à part pour faire de bonnes
graines. On laissera les gousses mûrir parfaitement
sur pied : on les battra très-légèrement et l'on met-

tra de côté la première graine. On continuera le battage, et la seconde graine sera réservée pour les animaux.

Lupin jaune. — Le lupin jaune destiné à fournir de la semence sera semé vers la fin de mars ou dans les premiers jours d'avril. Dès que les premières gousses seront mûres et qu'elles commenceront à s'ouvrir, on les arrachera sans secousses, le matin, par la rosée; puis, on les exposera sur un drap au plein soleil. Presqu'aussitôt, vous entendrez comme un bruit de petillements multipliés, produit par la brusque ouverture des valves des gousses qui se contourneront, se recroquevilleront sous l'effet de la chaleur. Au bout de trois ou quatre heures, vous mettrez à part les graines qui se seront détachées d'elles-mêmes et seront les meilleures pour semence; vous compléterez l'opération à petits coups de fléau ou de baguette, afin de faire sortir les graines encore attachées aux cosses ouvertes, et vous laisserez pour le bétail les dernières battues, c'est-à-dire les plus tardives et les moins mûres.

Le lupin jaune souffre beaucoup du repiquage; c'est pourquoi nous ne le conseillons pas.

Pimprenelle (fig. 29).—La récolte de la graine de pimprenelle ne présente aucune difficulté. Il suffit de bien laisser mûrir cette graine sur pied, de la battre au fléau ou à la baguette, selon la quantité, et de la semer le plus tôt possible après l'avoir vannée.

Serradelle. — Ce fourrage très-peu connu a été
vivement recommandé aux cultivateurs belges de

Fig. 29. (Pimprenelle.)

l'Ardenne et de la Campine. Le conseil a été écouté
par les Campinois, qui font grand cas de la serradelle et la cultivent sur une assez grande échelle
dans les terrains maigres qui, faute de chaux, sont
reconnus impropres à la production du trèfle.

Nous empruntons à une brochure publiée par

ordre du ministre de l'intérieur, en Belgique, les
détails qui concernent la récolte de la graine de
serradelle :

« La serradelle donne sa graine en cosses for-
» mées d'un certain nombre de disques. Ces cosses,
» au lieu de s'ouvrir, comme cela se présente pour
» les pois, restent closes lorsqu'elles sont mûres,
» elles se sèchent plus ou moins vite; si donc on
» ne prend pas la précaution de récolter la graine
» aussitôt qu'on s'aperçoit qu'une partie des cosses
» se sèche, on court risque de n'avoir que très-peu
» de graine : en effet, les disques, étant secs, se
» séparent les uns des autres avec la plus grande
» facilité. Enfin, lorsque les cosses sont sèches, il
» suffit d'un peu de vent ou d'une légère pluie pour
» faire tomber la graine de serradelle; cet incon-
» vénient a lieu même lorsque les plantes sont
» encore vertes ou couvertes de fleurs.

» Il est donc évident qu'on ne peut attendre que
» la plus grande partie des cosses soient sèches
» pour en récolter la graine; car, si elle tombe faci-
» lement au moindre choc quand elle est debout et
» verte, elle tombera bien plus facilement encore
» lorsqu'on la coupera et qu'on la transportera; il
» faudra donc la couper lorsqu'on s'apercevra qu'une
» partie des cosses se sèche, et l'exposer ensuite
» au soleil pendant quelques jours afin de donner
» aux graines le temps d'achever leur maturité.

» La serradelle, dont on veut récolter la graine,

» doit être semée avant ou après l'hiver, c'est-à-
» dire en septembre ou en mars, parce qu'alors, le
» moment de la récolte arrivant en juillet et août,
» les grandes chaleurs facilitent beaucoup la be-
» sogne : examinez bien votre graine, et dès que
» vous verrez qu'elle commence à sécher et que celle
» qui est encore verdâtre est déjà ridée, signe certain
» qu'elle est mûre, n'attendez pas ; si le temps est
» beau, fauchez... Vingt-quatre heures après la fau-
» chaison, retournez le foin dans la matinée ; laissez
» sécher deux jours encore, pour donner le temps
» à la graine d'achever de mûrir, et profitez du
» moment où le foin se dépouille de la rosée, vers
» sept à huit heures du matin, pour le mettre en
» grange ; on le battra sur place. En procédant de
» cette manière, on a récolté, sur une surface d'en-
» viron un hectare et demi, près de onze voitures à
» deux chevaux de bon foin, et plus de 1,800 kilo-
» grammes d'excellente graine.

» Du reste, on peut récolter de la graine de ser-
» radelle avec tous les semis, seulement il faut être
» prudent, sinon l'on perdrait et sa semence et son
» foin. »

Spergule ou mieux *spargoutte* (fig. 30). — La
spergule destinée à porter graines doit être semée
en mars ou avril. On la récolte mûre fin juin ou
dans le courant de juillet.

Millet. — Le millet (fig. 31), ainsi que le moha
de Hongrie (fig. 32), ou celui de Californie (fig. 35),

qui sont aussi des millets ou panis, a besoin d'une
moyenne de température assez élevée pour mùrir
ses graines. Par cela même qu'il redoute les gelées,

Fig. 50. (Spergule).

on le sème tard, à la même époque que le maïs, et
on le récolte tard aussi. En France, à de rares contrées près, on peut compter sur la graine. En Belgique, ou plutôt en Ardenne, il nous a été impossible de conduire à terme le moha de Californie,
placé cependant en coteau et à l'exposition du midi,
pendant l'année 1858. — On se trouverait bien de
repiquer les porte-graines des millets.

Fig. 31. (Millet commun.)

10

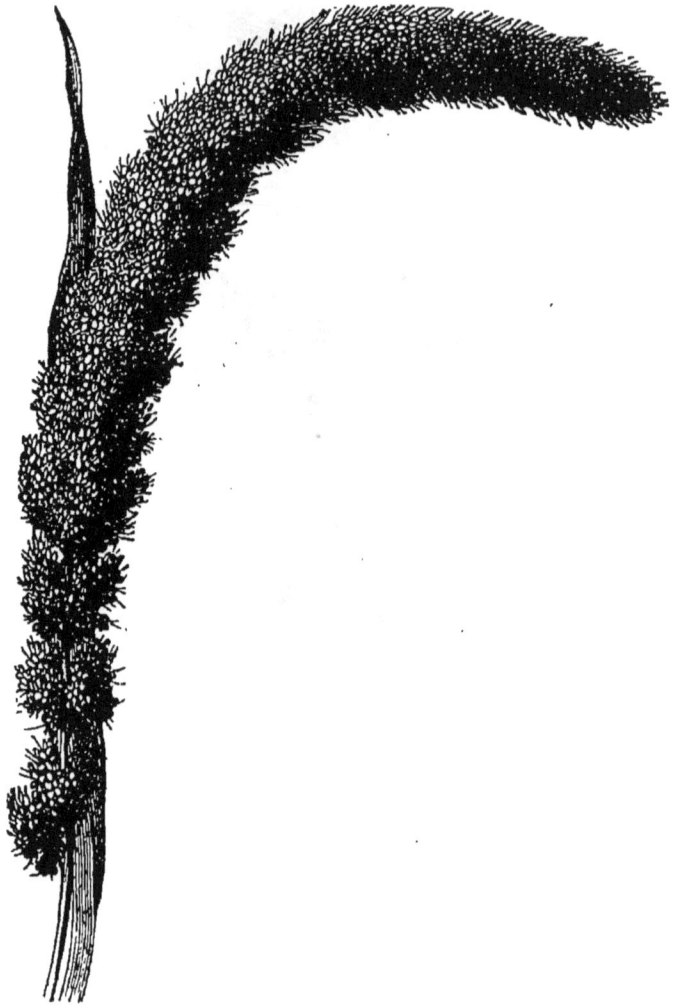

Fig. 52. (Millet d'Italie.)

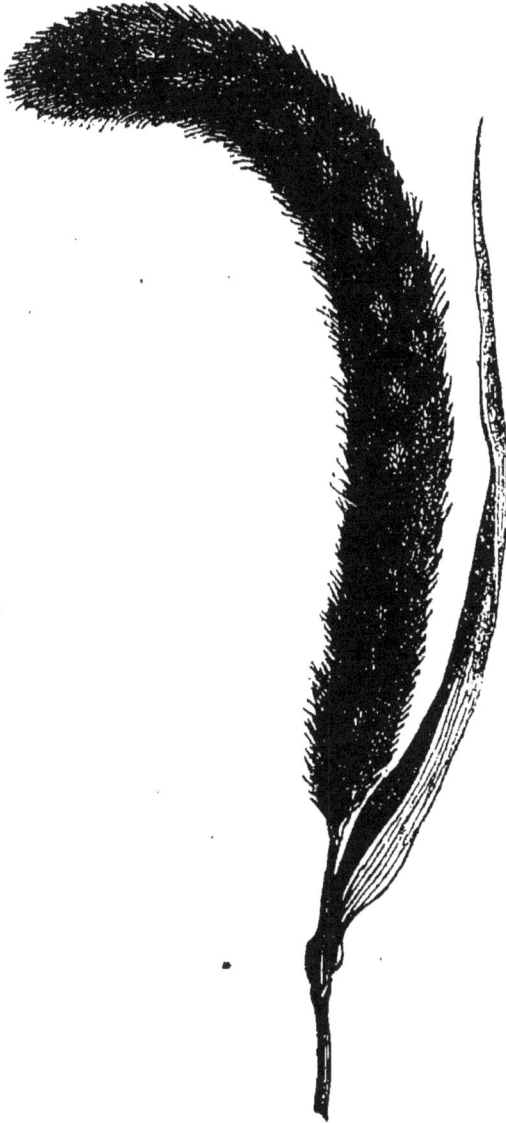

Fig. 55. (Moha de Hongrie.)

XII

PORTE-GRAINES DES PRAIRIES NATURELLES
OU PERMANENTES.

Nous n'entendons parler ici que des graminées qui forment la base de ces prairies dans les différents terrains. Ces graminées sont, parmi les plus importantes, l'ivraie vivace ou ray-grass des Anglais (fig. 34), l'avoine élevée, appelée aussi arrhénatère élevée ou fromentale (fig. 35), l'agrostis vulgaire (fig. 56), l'avoine jaunâtre (fig. 37), l'avoine des prés (fig. 38), le cynosure à crête (fig. 59), le dactyle pelotonné (fig. 40), diverses fétuques (fig. 41), la fléole des prés (fig. 42), la flouve odorante (fig. 43), la houque laineuse (fig. 44), la houque molle (fig. 45), le pâturin commun (fig. 46), le vulpin des prés (fig. 47) et le vulpin genouillé (fig. 48).

Comment d'ordinaire, ensemençons-nous nos prairies ? Les hommes de goût achètent les graines de graminées, fort cher, chez les principaux grainetiers des villes, y ajoutent une certaine quantité de semence de trèfle rouge, de trèfle rampant

Fig. 54. (Ivraie vivace.)   Fig. 55. (Avoine élevée.)

10.

ou de luzerne lupuline, et répandent le tout sur
le terrain préparé ou avec une céréale d'automne
ou de printemps. Le plus grand nombre des cultivateurs ne s'imposent pas ce sacrifice et se con-
tentent d'employer ce que l'on nomme poussier
de foin.

Ce poussier de foin, que l'on prend sur le fenil
ou le grenier vide, quand la provision des fourrages est épuisée, se compose de malpropretés et
de semences suspectes, la plupart du temps desséchées avant l'époque de leur maturité parfaite,
car il n'est pas d'usage, chez les bons cultivateurs,
d'attendre que les semences des graminées de prairies soient bien mûres pour faucher. Au contraire,
on a soin de faucher sur le vert, afin d'avoir un
fourrage plus tendre et un regain plus vigoureux.
Il s'ensuit que la plus grande partie des semences
de foin, ramassées sur les fenils, sont dans de très-
mauvaises conditions de reproduction. Notez, en
outre, qu'il s'y trouve des graines de hasard dont
on se passerait volontiers.

Voilà nos semences au village. Que pourrait-on
raisonnablement en attendre de bon? Mais l'habitude y est, et de plus forts que nous l'ont attaquée
presque en pure perte. C'est égal : lorsque nous
voyons la goutte d'eau faire à la longue son trou
dans la pierre, nous sommes porté à croire que la
goutte d'encre fera le sien, à la longue aussi, dans
les têtes les plus dures.

Fig. 36. (Agrostis vulgaire.)   Fig. 57. (Avoine jaunâtre.)

Mathieu de Dombasle recommande de récolter les graines de nos meilleures espèces et variétés de plantes de prairies, au fur et à mesure qu'elles mûrissent. Sans doute, on se trouverait bien de suivre ce conseil à la lettre, mais il s'agit là d'une besogne minutieuse et de nature à rebuter le cultivateur. Il faudrait beaucoup de temps pour en récolter de quoi couvrir plusieurs hectares.

Il y aurait cependant moyen d'arranger les choses, ce serait de réserver une partie de bon pré, que l'on ne faucherait pas en même temps que le reste, et sur laquelle on prendrait une botte des meilleures graminées à mesure que chacune d'elles serait mûre à point. Ne réussirait-on qu'à réunir un quart de kilogramme de chaque sorte, que cette quantité suffirait pour créer une pépinière. On diviserait un terrain en planches et l'on y sèmerait séparément les graines récoltées.

Tous les ans, il serait facultatif au cultivateur d'agrandir la superficie de sa pépinière, et il arriverait vite ainsi à s'approvisionner d'une quantité importante de bonnes semences de pré qu'il récolterait en temps convenable. Il en aurait, de la sorte, pour ses besoins particuliers et pour ceux du commerce. Les bonnes graines de foin ont leurs débouchés ouverts comme les bonnes céréales, et, alors même qu'il en resterait parfois d'invendues, rien n'empêcherait d'en tirer utilement parti pour l'entretien des bêtes de la ferme. Avec quelques

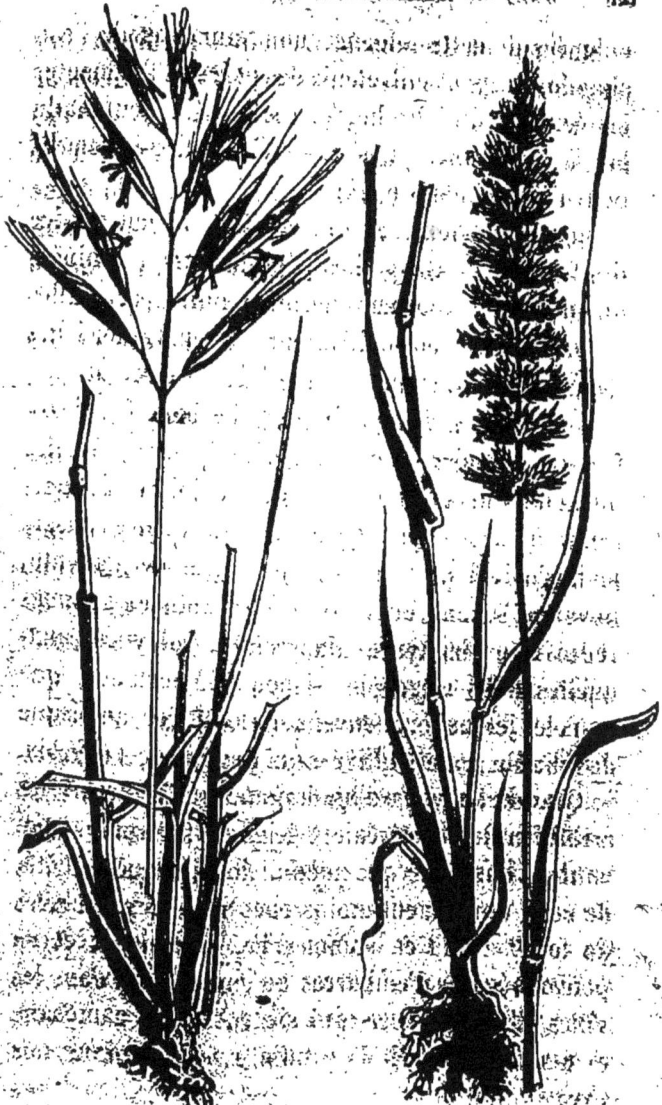

Fig. 58. (Avoine des prés.)   Fig. 39. (Cynosure à crête.)

poignées de cette semence non vannée et de l'eau chaude, on peut entretenir des porcs et augmenter la sécrétion du lait chez les vaches. En ajoutant du lait à l'infusion, on s'en servirait très-utilement pour l'élevage des veaux.

Nous voudrions rencontrer çà et là, au service des fermes, de ces petites pépinières de graminées qui n'existent malheureusement nulle part. Elles permettraient à nos cultivateurs de renouveler leurs vieux prés et d'en créer au besoin de nouveaux.

Nous avons des pépinières d'arbres fruitiers, forestiers et d'agrément, des pépinières de céréales plus ou moins défectueuses, des pépinières de fourrages artificiels, plus ou moins défectueuses aussi; mais s'agit-il de semence de prairie permanente, nous ne savons où la prendre; nous en sommes réduits aux balayures du grenier, balayures auxquelles nous attachons si peu d'importance, que nous les jetons fort souvent sur le fumier, au risque de salir nos terres cultivées qui reçoivent cet engrais.

Que diriez-vous d'un homme qui sèmerait les criblures de ses céréales? Rien de favorable. Que voulez-vous donc que nous disions, de notre côté, de ceux qui sèment moins encore que les criblures de foin? Nous en sommes là, cependant, et ne pouvons sortir d'embarras qu'en achetant dans les villes des semences qui sortent de la campagne et que nous devrions produire partout dans nos exploitations.

Fig. 40. (Dactyle pelotonné.)

Fig. 41. (Fétuque des prés.)   Fig. 42. (Fléole des prés.)

Fig. 43. (Flouve odorante.)   Fig. 44. (Houque laineuse.)

11

Fig. 45. (Houque molle.)

Fig. 46. (Pâturin commun.)

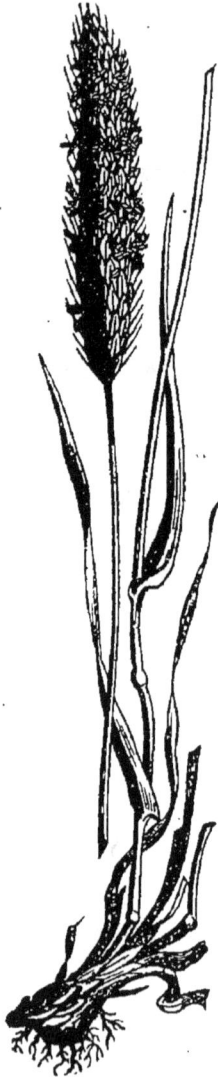

Fig. 47. (Vulpin des prés.)   Fig. 48. (Vulpin genouillé.)

Produire de la graine de foin, comme on produit du froment, de l'épeautre, de l'orge ou de l'avoine! ça ne s'est jamais vu, et il y aurait de quoi faire rire les gens. C'est possible, mais les éclats de rire ne sont pas des raisons.

Mathieu de Dombasle, qui, dans l'espace d'une trentaine d'années, à lui seul, a fait plus pour l'agriculture française que nos millions de cultivateurs réunis, dans l'espace de plusieurs siècles, n'a pas craint la moquerie des loustics de village quand il conseillait de faire recueillir par des enfants ou des femmes, le long des haies, des chemins, dans les taillis, etc., les semences des herbes bonnes à multiplier.

Thouin, qui nous a rendu de si grands services aussi, n'a pas non plus reculé devant la moquerie de la routine, et n'a pas craint d'écrire, à propos du pâturin des prés :

« C'est une des graminées les plus communes
» dans les terrains gras et humides, et une des
» meilleures pour la nourriture des bestiaux, qui
» la recherchent tous, principalement les vaches
» et les chevaux. Le foin dans lequel elle domine,
» est appelé *foin fin*, et se vend toujours plus cher.

» Un bon agronome doit donc la multiplier
» autant que possible dans ses prés, lorsqu'ils sont
» en bon fonds, c'est-à-dire ni trop secs ni trop
» aquatiques, et il le peut facilement en faisant
» ramasser la graine à la main dans des lieux

11.

» réservés pour cela lors de la fauchaison, et en
» la semant séparément. La seconde année, il reti-
» rera d'un boisseau douze ou quinze boisseaux,
» ce qui lui fournira de quoi améliorer ses prés ou
» même les ensemencer entièrement, comme on le
» fait en beaucoup de lieux en Angleterre. »

Nous sommes étonné de ne trouver dans Olivier
de Serres aucun mot ayant trait à la récolte des
graines de graminées, d'autant plus étonné qu'il
conseillait toujours avec raison de faucher l'herbe
de bonne heure, afin d'avoir et meilleur foin et plus
beau regain, et qu'à chaque conseil de cette sorte,
on lui faisait observer qu'à défaut de graines mûres,
la prairie ne se renouvellerait point et s'userait
vite.

De nos jours, on répliquerait : Ne fauchez pas
tout ; réservez un coin de votre pré et surtout ce
qu'il y a de mieux ; laissez mûrir les semences des
bonnes herbes sur ce coin-là, récoltez-les, ne les
mêlez point, et vous pourrez les semer à l'automne
ou au printemps, toujours sans les mêler, l'une à
côté de l'autre, sur un champ bien préparé. De
cette façon, vous aurez bientôt de très-bonnes
graines de prés à revendre, et vous n'aurez plus
de raison à invoquer en faveur de la fauchaison
tardive.

XIII

PORTE-GRAINES DU POTAGER.

Nous en savons qui ne font point leurs graines de potager, parce qu'ils n'en ont pas le temps.

Nous en savons qui ne les font point, parce que leur jardin est trop petit et que les plantes d'une même famille, les espèces d'un même genre ou les variétés d'une même espèce s'y serreraient de trop près.

Nous en savons enfin, et beaucoup, qui ne font point leurs graines, uniquement parce qu'ils ne savent pas les faire. Or, c'est surtout en vue d'être utile à ces derniers que nous écrivons ce chapitre.

Ce sera l'affaire de quelques minutes, pas davantage, tout juste le temps pour nous de dire les choses au galop de la plume, et, pour eux, le temps de les lire sans perdre patience. Ils auront des faits, rien que des faits ; de phrases point. Et ces faits, nous allons tout simplement les arranger par ordre alphabétique. Nous commençons donc la

série des légumes ; quand nous la finirons, vous le
verrez bien.

Arroche, belle-dame, bonne-dame, éripe. —Dès
qu'une arroche blonde ou rouge aura poussé et
grainé dans votre jardin, ne prenez plus souci de
sa reproduction. Vers la fin de la saison, le vent
se chargera du semis, et, au printemps suivant, il
n'en lèvera que trop. Si vous tenez à ce que les
arroches, blondes ou rouges, conservent leur couleur dans toute sa pureté et dans tout son éclat, ne
les rapprochez pas, ne les cultivez pas l'une à côté
de l'autre, car le croisement est rapide, et les cou-
leurs se ternissent ou se salissent.

Artichauts. (fig. 49). — Vous marquerez à
l'automne les plus beaux pieds d'artichaut ; vous
couperez les feuilles de la base, à un pied du sol à
peu près ; vous ne toucherez pas aux petites feuilles
du cœur; puis vous recouvrirez tous ces pieds
d'une forte butte de terre. Ainsi protégés, ils passeront mieux l'hiver que sous un lit de fumier ou
de feuilles, végéteront moins vite au printemps et se
maintiendront plus robustes. Pendant le cours de
la végétation, vous ne laisserez partir que la tige
florale principale et pincerez sévèrement les autres.
Vous aurez ainsi une belle tête à chaque pied
réservé. Dès que les graines seront bien formées,
vous surveillerez les oiseaux, qui en sont très-avides.
Selon M. Decaisne, cette semence ne mûrit point
en Belgique. Nous n'avons pas vérifié l'assertion.

Asperges (fig. 50). — Attendez que votre asper-
gerie ait quatre ou cinq années de formation. Après
cela, réservez les plus beaux turions des premières

Fig. 49. (Artichaut.)

pousses, non des dernières, comme font à tort la
plupart des maraîchers. Laissez monter ces turions,
coupez les petits de leur voisinage, afin qu'ils profi-
tent d'une grande quantité de séve, et attendez que
les baies rouges soient bien mûres. Vous n'aurez

plus qu'à les écraser dans un peu d'eau pour en séparer les graines noires, que vous ferez sécher au soleil sur du linge ou du papier.

Fig. 50. (Asperge.)   Fig. 51.

Betterave. — Ce que nous avons dit des porte-graines de betteraves fourragères s'applique rigou-reusement aux betteraves de table.

Carotte. — Il n'existe aucune différence entre la manière de faire la graine de carottes potagères et celle de faire la graine de carottes fourragères. Nous renvoyons donc nos lecteurs au chapitre qui traite de ces dernières.

Cardon. — La graine de cardon s'obtient ainsi que celle de l'artichaut. On croit, et c'est aussi notre opinion, que la semence provenant de vieux pieds est préférable à celle des jeunes pieds. Comme elle ne mûrit qu'en octobre, on perdrait son temps et sa peine à s'en occuper sous les climats du Nord.

Céleri (fig. 52). Au moment de l'arrachage des céleris, vous choisirez quelques beaux pieds de ce légume, que vous transplanterez de suite à 40 ou 50 centimètres de distance les uns des autres. Vous les abriterez contre les gelées avec des paillassons ou une forte couche de feuilles sèches. Au printemps, vous les découvrirez et les arroserez plusieurs fois, en temps de sécheresse, avec un mélange d'eau ordinaire et de purin. Ou bien, afin d'épargner les arrosements, vous entourerez les pieds des porte-graines avec du fumier frais de vache ou de porc. Au mois d'août ou en septembre, selon les contrées, vous récolterez la graine du céleri, et cette semence sera d'autant meilleure que vous l'aurez choisie avec plus de soin sur les branches principales du semenceau.

Cerfeuil ordinaire. — Vous sèmerez en septembre le cerfeuil porte-graines et lui ferez passer l'hiver. Celui qu'on sème au printemps monte trop vite, s'enracine mal, souffre trop de la chaleur et ne donne jamais d'aussi bonne semence que le cerfeuil d'hiver.

Fig. 52. (Céleri.)

Cerfeuil frisé. — C'est une variété du précédent, variété très-intéressante, puisqu'il n'est pas possible de la confondre avec la petite ciguë. Pour la maintenir et empêcher ses feuilles de se défriser, il y a quelques précautions à prendre. On devra donc semer en septembre, couvrir de feuilles sèches en hiver, découvrir en temps doux, repiquer au printemps, arroser pour assurer la reprise, et laisser ensuite les plantes en repos jusqu'à l'heure de la récolte des semences.

Cerfeuil bulbeux. — Supposons que vous ayez semé du cerfeuil bulbeux pendant l'automne de 1858, il a dû lever au printemps de cette année 1859, et ses bulbes seront formées et bonnes à prendre en juillet ou au commencement d'août. Au lieu de les récolter toutes, vous en laisserez un certain nombre en terre ; elles donneront des tiges et des feuilles au printemps de 1860, et dès qu'elles marqueront, vous les déplanterez, les transplanterez et les arroserez : voilà vos porte-graines.

Chervis, chirouis (fig. 55). — Souvent il arrive que les pieds de chervis se mettent à fleurs et à graine la première année de la végétation. Cette graine-là ne vaut rien. Vous aurez donc soin de choisir des pieds qui n'auront pas monté ou d'en pincer un certain nombre pour éviter cet inconvénient, et vous les transplanterez à l'automne ou au printemps de l'année suivante, à 50 ou 60 centimètres de distance. Vous procéderez ensuite comme avec les porte-graines de carottes et de panais.

Choux-fleurs. — Semez en septembre sous le climat de Paris ; en août sous le climat de la Belgique ; repiquez les plants au commencement d'octobre ; faites-leur passer l'hiver sous châssis ou au moyen d'une couverture de feuilles sèches ou d'abris quelconques ; marquez au printemps ceux qui por-

teront les plus belles pommes ; ne touchez pas à ces
pommes ; ombragez-les avec de larges feuilles pour

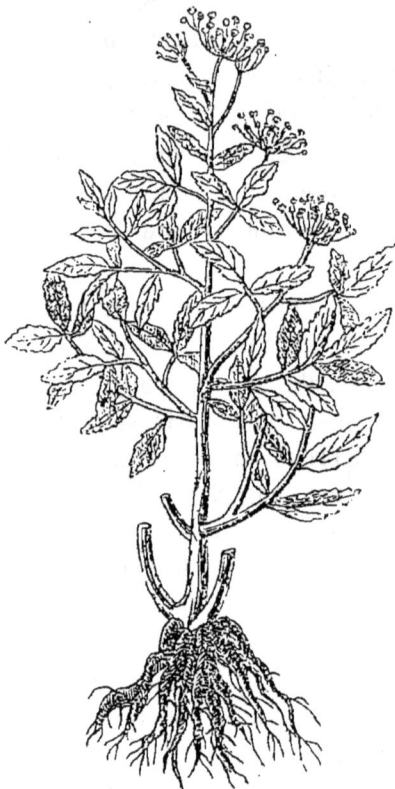

Fig. 55. (Chervis.)

qu'elles ne durcissent point ; enlevez ces feuilles
aussitôt que les pommes s'ouvriront et feront mine
de monter ; arrosez souvent au pied avec le goulot

de l'arrosoir, surtout quand les porte-graines commencent à se mettre à fleurs, et pincez les extrémités des branches fleuries, afin de mieux nourrir les fleurs et les graines du dessous. Prenez garde aux pucerons ; détruisez-les en mouillant les feuilles et les tiges avec de l'eau salée, ou bien avec de la chaux vive en poudre que vous répandrez sur les parties attaquées après les avoir mouillées avec la pomme de l'arrosoir. En août, ou au plus tard en septembre, selon les localités, vous couperez les rameaux au fur et à mesure que les siliques mûriront et les ferez sécher au soleil sur un drap. Ces siliques s'ouvriront seules et les graines qui s'en détacheront les premières seront les meilleures. Vous attendrez qu'elles soient parfaitement sèches pour les renfermer, et vous ferez bien de les mettre en sac avec leurs menues pailles, afin d'éviter la fermentation ou l'échauffement. Vous les vannerez plus tard.

Choux pommés ordinaires. — Vous couperez les pommes le plus tard possible, afin de n'avoir point de rejets ; vous conserverez ces pieds à leur place ou en cave dans du sable frais ; vous les transplanterez à la sortie de l'hiver, à 60 ou 70 centimètres de distance les uns des autres, et vous procéderez ensuite comme avec les choux-fleurs. Vous saurez seulement que les branches florales les plus rapprochées du haut de la tige donnent une semence meilleure et plus hâtive, assure-t-on, que celle des branches du dessous. Vous saurez aussi que la graine des branches qui partent directement de la tige, vaut mieux que la graine des rameaux qui partent des branches. Les jardiniers d'Auber-villiers, à ce que rapporte de Combles, qui les connaissait bien, font leur choix d'après ces observations et vendent le reste au public.

Choux de Bruxelles, à jets ou à rosettes, ou spruyt. — Vous transplanterez au printemps les pieds qui vous auront donné de petites pommes bien fermes en automne et en hiver; puis vous supprimerez le dessus de la tige, afin de rejeter la séve sur les branches latérales. Ces branches vous donneront la bonne graine, mais, contrairement à ce qui se passe pour les gros cabus, il pourrait bien se faire que les branches de la base ou du milieu donnassent de la meilleure semence que celles du dessus. Dans ce cas particulier, le trop de vigueur est un défaut, et c'est précisément pour cela que les maraichers de Bruxelles ne prennent pas la semence sur la tige principale.

Choux-raves. — A l'automne, vous arracherez les plus beaux pieds à pomme lisse et bien arrondie; vous les conserverez en cave, les racines dans la terre ou le sable, et sur un point assez éclairé de cette cave; vers la fin de l'hiver, les feuilles se montreront. Vous les empêcherez de s'étioler en leur donnant de l'air et du jour; et aussitôt que le temps le permettra, vous les transplanterez au potager.

Chicorée frisée ou *endive*. — Les maraîchers de Paris la sèment sur couche au mois de février, la repiquent en avril, marquent en juin des pieds bien fournis du cœur et ne les lient point. De cette façon, les graines arrivent à maturité vers la fin de septembre, c'est-à-dire trop tardivement pour les populations qui se rapprochent du Nord. La semence de chicorée est très-difficile à détacher : on a conseillé de la mouiller avant de la battre au fléau.

Concombre. — Vous laisserez le temps aux concombres de mûrir complétement et n'en retirerez la semence que lorsqu'ils commenceront à pourrir.

Crambé ou *chou marin*. — Vous prendrez la semence de crambé sur des pieds provenant de graines, non d'éclats de souche. Les pieds de deux ans peuvent produire de la semence convenable, mais nous préférons pour semenceaux ceux de trois ans, qui n'ont été forcés ni la seconde année ni au commencement de la troisième. Leur culture n'exige aucun soin ; cependant, on ferait bien de les arroser, avec un mélange d'eau, de purin et de sel de cuisine, au moment de la floraison. Nous laissons la graine mûrir entièrement sur pied, après quoi, nous la récoltons par un temps sec et la mettons en sacs.

Cresson alénois. — En le semant en avril, vous récolterez, la plupart du temps, sa graine en juin.

Épinards. — On ne prend point la graine de ce légume sur les épinards semés en mars ou avril;

11.

on la prend sur ceux que l'on sème au mois de
septembre, qui s'enracinent bien avant l'hiver,
résistent mieux que les autres aux hâles du printemps, et s'emportent moins vite.

A plante robuste, graine de qualité. — Donc, à
la sortie de l'hiver, nous devons réserver une partie
d'épinards d'hiver, n'y point toucher, ne pas les
affaiblir en leur prenant des feuilles, les sarcler,
les espacer convenablement, les arroser au besoin
et les laisser monter à fleur.

Fèves de marais. — Le repiquage des fèves est
des plus faciles. Vous repiquerez donc celles que
vous aurez semées vers la fin de février ou en mars
et aussitôt qu'elles auront 7 ou 8 centimètres de
hauteur. Ces plantes vous donneront de belles
gousses. Vous ne conserverez sur chaque pied que
les plus longues et les plus larges ; vous pincerez
les sommités des tiges et les rejets du pied s'il s'en
produit, afin de disposer de toute la séve au profit
des gousses reproductrices. Vous laisserez autant
que possible ces gousses noircir, mûrir, se dessécher sur pied, et, pendant ce temps-là, vous surveillerez de près les mulots et les rats, qui ne se
font pas faute d'attaquer les porte-graines de fèves
pendant la nuit. N'oubliez pas qu'une très-belle
fève provenant d'une courte gousse ne vaut pas une
fève de moyenne grosseur, provenant d'une longue
et large gousse.

Haricots (fig. 54). — Certaines variétés de haricots dégénèrent assez vite. Pour les maintenir, on peut ou les lever en mottes et les transplanter, ou les pincer de façon à réduire le nombre des cosses.

Fig. 54. (Haricot.)

Laitues de printemps. — S'agit-il de la petite crêpe à graines noires, par exemple? Il est d'usage de la semer sous châssis en hiver, de la repiquer sur couche tiède et sous cloche dès qu'elle pomme, et d'enlever les cloches en mars ou en avril, quand la température s'est adoucie. Mais cette pratique n'est pas à la portée du grand nombre. Nous ne la signalons que pour mémoire.

Laitues d'été. — Règle générale, vous ne ferez de graines que sur des laitues transplantées. Vous laisserez monter les mieux pommées et soutiendrez les tiges avec des tuteurs. Au fur et à mesure que les aigrettes se montreront et annonceront la maturité des graines, vous les enlèverez une à une. Les maraîchers désignent cette opération sous le nom de *pincement*. Elle est fort lente, mais, en retour, elle est sûre. Les gens peu soigneux ou qui font de la semence pour le commerce attendent qu'une partie des graines soient mûres, après quoi, ils arrachent les tiges, les placent au soleil contre un mur ou une haie, forcent ainsi la maturité, battent les têtes des semenceaux desséchés, vannent et mettent la semence en sacs. Par la première méthode, on obtient de la graine parfaite; par la seconde, on obtient de la graine de pacotille. A vous de choisir.

Mâche, doucette, salade de blé, etc. — La graine de mâche fait le désespoir des cultivateurs vulgaires, car elle tombe si facilement qu'il conviendrait pour ainsi dire de se mettre à l'affût des meilleures. Voici le seul moyen de lever la difficulté : semez la mâche à l'automne, elle passera fort bien l'hiver et montera de bonne heure au printemps. Vous laisserez mûrir la graine des premières fleurs; vous la laisserez tomber à terre, puis vous la ramasserez avec un balai sans crainte de la mêler avec de la terre. Vous jetterez le tout dans un vase plein d'eau; la terre se précipitera au fond, tandis que la graine se soutiendra sur l'eau. Vous n'aurez plus qu'à la laver et à la sécher.

Melons (fig. 55). — Les plus gros melons ne donnent pas toujours la graine la plus sûre, car il pourrait y avoir eu croisement. Un melon de grosseur moyenne, bien fait et bien mûr, convient

Fig. 55. (Melon.)

mieux. N'attendez pas qu'il pourrisse pour enlever la semence; prenez-la dès qu'il *passe* et surtout du côté qui a senti l'influence du soleil. Vous laverez ces graines, les ferez sécher et les mettrez en sac.

Navet. — Ce que nous avons dit, à propos des navets fourragers, s'applique exactement aux porte-graines de navets de jardin.

Oignon. — Choisissez quelques beaux oignons au grenier, à la sortie de l'hiver; plantez-les dès que les fortes gelées ne sont plus à craindre; placez des tuteurs quand les tiges commenceront à s'élever. Les graines mûriront et s'ouvriront en

août ou septembre, selon les climats. Vous couperez les têtes ; vous en formerez des bottes que vous
ferez sécher à l'ombre si c'est possible, au soleil
dans le cas contraire, après quoi vous les égrènerez entre vos mains.

Oseille. — Mieux vaut récolter la graine sur de
l'oseille de semis que sur de l'oseille provenant
d'éclats de vieux pieds. Quant à sa récolte, elle ne
présente aucune difficulté. Celle qui se détache la
première est la meilleure.

Panais. — La culture des porte-graines de panais ne diffère en rien de celle des porte-graines de
carotte.

Persil ordinaire et persil frisé. — Pour l'un
comme pour l'autre, il convient de semer en juillet, août et septembre, de faire passer l'hiver aux
plantes, d'en transplanter un certain nombre au
printemps et de prendre la graine sur les principales ombelles de ces dernières.

Porreau (fig. 56). — A l'entrée de l'hiver, vous
mettrez en jauge ou en rigole une certaine quantité
de beaux pieds de porreaux dont vous ne laisserez
sortir hors de terre que les feuilles. Ils passeront
ainsi l'hiver sans couverture, et, au printemps,
vous les replanterez et les traiterez à la manière des
porte-graines d'oignons.

Poirée, bette-poirée, bette à cardes. — Vous
la sèmerez au printemps, la repiquerez en bonne
terre dans le courant de juin et lui ferez passer

l'hiver sous un abri de feuilles sèches. Au printemps suivant, vous la découvrirez et la traiterez comme l'on traite les porte-graines de betteraves.

Fig. 56. (Porreau.)

Pois (fig. 57). — Dans certaines localités, les pois dégénèrent très-vite. Le terrain et le climat doivent y être pour quelque chose ; mais le manque

de soin doit y contribuer aussi pour une bonne part.
Pour maintenir les qualités de la semence, il faudrait ne pas ramener souvent le légume à la même
place, ne pas consommer les premières gousses,
tandis qu'on réserve souvent les dernières pour

Fig. 57. (Pois.)

gräines. Il conviendrait aussi de pincer au-dessus
de la deuxième ou de la troisième fleur, de ne récolter que les plus belles gousses, et de ne prendre
dans ces gousses, pour la multiplication des variétés de choix, que les trois ou quatre grains du milieu. On pourrait encore, pour maintenir la fidélité
du type, repiquer les pois destinés à fournir les
semences. Nous ne connaissons pas de plant dont
la reprise soit plus facile.

Potiron, courge, citrouille (fig. 58). — Laissez
le fruit mûrir complétement, et, au moment de le

manger, enlevez pour semence les graines les plus
voisines des parties exposées au soleil et aban-
donnez celles des parties qui touchaient au sol.
Essuyez chaque graine avec un linge et attendez,
avant de les mettre en sac, que le soleil ou la température douce d'une chambre les ait suffisamment
desséchées.

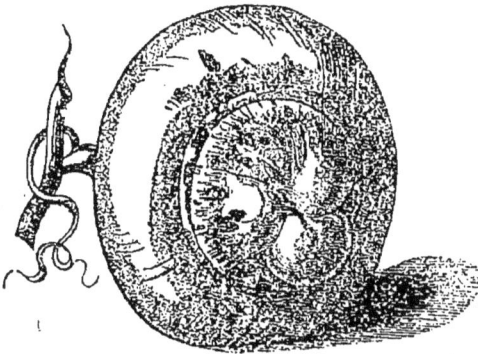

Fig. 57. (Potiron-Giraumon.)

Pourpier. — La semence de pourpier tombe
facilement; mais dès que l'on s'aperçoit que la
maturité commence, on en recueille suffisamment
et de bonne qualité en inclinant et secouant les
tiges sur du papier.

Quinoa, ou plutôt *ansésine quinoa*. — Faites
lever le quinoa sur de l'excellent terreau; repiquez-
le lorsqu'il a 15 ou 20 centimètres de hauteur;
arrosez souvent pour favoriser la reprise; pincez
les rameaux latéraux qui partent ordinairement

13

de l'aisselle des feuilles supérieures, concentrez la graine au sommet de la tige mère ; soutenez cette tige avec un tuteur ; laissez la semence le plus longtemps possible sur pied, achevez la dessiccation au soleil, ou mieux à l'ombre ; enfin, frottez les sommités entre vos mains pour en faire tomber la graine. Ne forcez point ; contentez-vous de celle qui se détachera le plus aisément.

Raiponce ou mieux *campanule-raiponce.* — Nous semons la raiponce vers la fin de juin ; nous en consommons une partie avant et après l'hiver, et laissons un certain nombre des plus beaux pieds, qui montent dans le courant de mai et nous donnent de la semence en juillet. Sa récolte ne présente aucune difficulté.

Radis noir, radis d'été, ramonasse, ramelace, raifort. — On sème en juin, on récolte en octobre et on met momentanément les racines en cave dans du sable frais. A l'approche des gelées, on replante les plus belles à une certaine profondeur, on les recouvre de feuilles mortes ou de litière sèche pendant les grands froids. On découvre en mars, et l'on récolte la semence en juin ou juillet. Il convient de bien la dessécher au soleil et de la battre encore chaude, car elle est très-difficile à détacher de son enveloppe.

Radis de printemps, petite rave. — Nous les semons de bonne heure sur couche tiède ou à une exposition favorable. Dès que les racines sont bien formées, nous déplantons les plus belles et les repiquons à titre de porte-graines, à la distance d'environ 50 centimètres les unes des autres, et nous arrosons au besoin. Au fur et à mesure que les graines mûrissent, nous les récoltons. Les maraîchers ne prennent pas cette peine. Dès que les graines sont en partie mûres, ils arrachent les pieds, les exposent au soleil contre un mur et les battent ensuite pour égrener.

Rhubarbe comestible. — Nous ne prenons de graine que sur des plants provenant de semis, non d'éclats, et âgés de trois ans au moins. Nous ne touchons pas aux feuilles des pieds qui sont disposés à nous donner de la fleur ; nous les labourons et les arrosons de temps en temps avec un mélange d'eau et de purin. La semence mûrit sur pied et ne présente aucune difficulté pour la récolte.

Romaine, chicon. — On fait les graines de romaine ou chicon comme celles des laitues pommées.

Salsifis. — Nous semons en septembre ou en mars et donnons tous nos soins au légume pendant une année entière. Si des pieds montent à fleur, nous les pinçons. La graine de la seconde année est la seule bonne. A cet effet, il est d'usage de réserver une planche ou partie de planche que l'on abandonne à elle-même. Il vaudrait mieux, au printemps de la seconde année, arracher les racines avec la fourche ou la bêche, choisir les plus belles

et les replanter en riche terrain, à 15 ou 20 centimètres de distance. A mesure que les aigrettes
blanches annoncent la maturité de la semence, on
procède à la récolte, et autant que possible par un
temps sec.

Scarole. — Les maraîchers de Paris la sèment
au mois d'août, réservent les pieds les plus remar-
quables, leur font passer l'hiver sous abri, et prennent sa semence à la même époque que celle de la
chicorée endive et avec la même difficulté.

Scolyme d'Espagne. — Semez tardivement, en
juin, par exemple, afin d'obtenir un certain nombre
de tiges non disposées à monter. Couvrez de feuilles
ou de litière sèche pendant les grands froids; déplan-
tez et replantez au printemps suivant, puis laissez
autant que possible la semence mûrir sur pied.

Scorsonère. — Pour obtenir sa graine, opérez
comme avec le salsifis.

Tétragonie étalée ou *tétragone cornue.* — Semez
sur couche à la sortie de l'hiver des graines déjà
germées; repiquez les jeunes plantes en avril et
n'y touchez que pour pincer les extrémités des
rameaux. Vous récolterez en octobre et détacherez
les graines à la main.

Tomate. — Vous prendrez des tomates qui auront mûri complétement sur des pieds repiqués;
vous les broierez dans l'eau, séparerez les semences
de la pulpe et les ferez sécher au soleil ou près d'un
feu doux.

Valériane d'Alger. — Vous la sèmerez en octobre; elle lèvera plus vite au printemps, fleurira plus tôt par conséquent, et vous donnera sûrement de la graine de bonne qualité. Pas n'est besoin de repiquer.

XIV

JUSQU'A QUEL AGE CERTAINES GRAINES DE LA GRANDE CULTURE SONT BONNES A SEMER.

	D'APRÈS LES OBSERVATIONS DE	
	MATHIEU DE DOMBASLE.	ET AUTRES.
Avoine. . . .		1 à 2 ans.
Betterave . .	jusqu'à 10 ans.	
Carotte . . .	2 à 5 ans.	
Féverole. . .		2 à 5 ans et plus en gousse.
Froment. . .		2 à 5 ans.
Lentille . . .		2 ans en gousse.
Moutarde . .		2 à 5 ans.
Panais. . . .	1 an.	
Sainfoin . . .	1 an, après quoi il durcit.	
Trèfle blanc.	2 à 5 ans.	
Trèfle rouge.	2 à 5 ans.	
Vesces	5 à 6 ans.	

13.

PLANTES POTAGÈRES.	DURÉE DE LA VERTU GERMINATIVE D'APRÈS LES OBSERVATIONS DE :			
	DE COMBLES.	VILMORIN.	NOISETTE.	MOREAU et DAVERNE.
Artichaut				
Asperge		5 à 6 ans.		
Aubergine				2 à 3 ans.
Betterave				2 ans.
Capucine	2 ans.	4 à 5 ans.	2 à 5 ans.	
Cardon	3 à 4 ans.		2 à 3 ans.	
Carotte	10 ans.	5 à 6 ans.	10 ans et plus.	3 à 4 ans.
Céleri	2 ans.	3 à 4 ans.	2 ans.	5 à 6 ans.
Cerfeuil	3 à 4 ans.	3 à 4 ans.	3 à 4 ans.	6 ans.
Chervis	3 ans.	3 ans.	2 à 3 ans.	4 à 5 ans.
Chicorée, endive et scarole	3 ans.		2 à 3 ans.	
	10 ans.	3 à 9 ans.	6 à 7 ans.	5 à 6 ans.
Choux ordinaires	10 ans.	5 à 6 ans.	7 à 8 ans.	8 à 9 ans.
Chou-fleur			4 à 5 ans.	8 à 9 ans.
Ciboule	2 ans.	2 à 3 ans.	3 ans.	
Citrouille ou courge	7 à 8 ans.	6 à 8 ans.		4 à 5 ans.
Cochléaria			2 ans.	
Concombre	7 à 8 ans.	6 à 8 ans.	10 à 12 ans.	
Corne-de-cerf (plantain)	2 à 3 ans.			
Cresson alénois				2 ans.
Épinard	3 ans.	2 à 3 ans.	2 à 3 ans.	3 à 4 ans.
Fève de marais	2 à 3 ans.	5 ans, en cosse.	5 ou 6 ans, en cosse.	
Haricot	2 ans.	Plusieurs années.	de 2 à 4 ans, en gousses.	
Laitue	3 à 4 ans.	4 ans et plus.	3 à 4 ans.	3 à 4 ans.
Mâche ordinaire	7 à 8 ans.	6 ans au moins.	7 à 8 ans.	7 à 8 ans.
Mâche d'Italie	4 à 5 ans.	6 ans.		
Melon	7 à 8 ans.	7 à 8 ans.	12 à 13 ans.	Jusqu'à 25 ans.
Navet de table	2 ans.		2 ans.	
Oignon	2 à 4 ans.	2, rarement 3 ans.		3 ans.
Oseille	2 à 4 ans.	3 ans.	3 à 4 ans, en capsules.	3 ans.
Panais	1 an.	1 an.		2 à 3 ans.
Perce-pierre			6 mois.	
Persil	4 à 5 ans.	2 ans.	2 ans.	4 à 5 ans.
Pimprenelle	3 ans.	3 ans.	2 à 3 ans.	3 ans.
Poireau	2 à 4 ans.	2 ans.		3 ans.
Poirée	8 à 10 ans.	5 à 9 ans.	9 à 10 ans.	3 en 4 ans.
Pois	2 à 4 ans.	3 à 4 ans.	4 à 5 ans, en cosses	
Poivre-long	10 ans et plus.			
Pourpier	8 à 10 ans.	3 à 6 ans.	7 à 8 ans.	
Radis	10 ans et plus.		6 ans.	3 ans.
Raiponce			3 ans.	3 ans.
Roquette			3 à 4° ans.	
Scorsonère	2 ans	1 à 2 ans.	1 an.	
Salsifis	1 an.	1 à 2 ans.	1 an.	
Sarriette	4 à 5 ans.		4 à 5 ans, en capsules.	
Tomate		3 à 4 ans.		

XV

COMBIEN IL FAUT DE GRAINES, D'APRÈS M. DE DOMBASLE, POUR ENSEMENCER UN HECTARE A LA VOLÉE.

Agrostide traçante (fiorin des Anglais), 5 kilogr. par hectare.
Arrhénatère élevée ou fromental, 100 kilogr.
Avoine élevée (v. arrhénatère).
Avoine, de 2 à 300 litres en France et de 5 à 600 litres en Angleterre.
Betterave champêtre, 25 à 30 kilogr. en pépinière et 7 à 8 kilogr. en place.
Carotte, 4 à 5 kilogr.
Cameline, 8 litres.
Chanvre, 250 à 300 litres.
Chicorée, 12 kilogr.
Choux-navets et rutabagas, 2 à 2 ¼ kilogr.
Colza d'hiver, en place, 8 litres.
Colza de printemps, 10 à 12 litres.
Dactyle pelotonné, 40 kilogr.
Épeautre, 400 litres, avec la balle.
Escourgeon ou orge d'hiver, 200 litres.
Fétuque des prés, 50 kilogr.
Féverole, 200 litres.
Fléole des prés (Timothy des Anglais), 20 à 25 kilogr.
Froment, 200 litres.
Gaude, 7 ¼ kilos.
Houque laineuse, 25 kilogr.
Ivraie-vivace ou ray-grass ordinaire, 40 kilogr.
Laitues pour les cochons, 7 ¼ kilogr.

Lentilles, 150 litres.
Lin pour filasse, 200 à 250 litres.
Lin pour graines, 100 litres.
Lupuline, 15 à 15 $\frac{1}{2}$ kilogr.
Luzerne, 20 à 25 kilogr.
Maïs (en lignes), 30 à 40 litres.
Millet, 15 à 20 kilogr.
Moutarde blanche, 10 litres.
Moutarde noire, 5 à 6 kilogr.
Navet, 3 à 4 kilogr.
Navette d'hiver, 8 à 10 litres.
Navette de printemps, 3 $\frac{1}{2}$ à 4 kilogr.
Orge plate et orge nue, 250 à 300 litres.
Orge petite quadrangulaire, 225 à 250 litres.
Pastel, 20 kilogr.
Pâturin des prés, 20 kilogr.
Pavot, 2 à 2 $\frac{1}{2}$ kilogr.
Pimprenelle, 30 kilogr.
Pois, 150 à 200 litres.
Sainfoin, 400 à 600 litres.
Sarrasin, 25 à 40 litres.
Seigle, 150 à 200 litres.
Spergule, 12 kilogr.
Trèfle blanc, 7 $\frac{1}{2}$ kilogr.
Trèfle incarnat, 25 kilogr. graines nues.
Trèfle rouge, 15 à 17 $\frac{1}{2}$ kilogr.
Vesces, 200 litres.

XVI

POIDS MOYEN DES PRINCIPALES GRAINES, PAR HECTOLITRE, D'APRÈS LE BON FERMIER DE M. BARRAL.

Arrhénatère élevée ou fromental	17 kilogr.	l'hectolitre.
Avoine	47	»
Betterave	25	»
Carotte	25	»
Cameline	70	»
Chanvre	52	»
Chicorée	50	»
Choux fourragers	67	»
Choux pommés	70	»
Colza	68	»
Épeautre avec la balle	42	»
Escourgeon	64	»
Féveroles	80	»
Froment	76	»
Haricots	77	»
Ivraie vivace ou ray-grass	41	»
Jarosse	81	»
Lentilles	85	»
Lin	69	»
Lupuline	81	»
Luzerne	77	»
Maïs	67	»
Moha de Hongrie	64	»
Moutarde blanche	78	»

Navette. . . . .   65 kilogr. l'hectolitre.
Orge de printemps   50   »
Panais   20   »
Pastel   11   »
Pavot.   60   »
Pimprenelle   26   »
Pois gris   79   »
Sainfoin.   51   »
Sarrasin   58   »
Seigle   72   »
Serradelle   46   »
Sorgho sucré.   65   »
Spergule.   65   »
Trèfle rouge   79   »
Vesces   80   »

FIN.

TABLE DES MATIÈRES.

Émile Tarlier, Éditeur, Montagne de l'Oratoire, 5, Bruxelles.

BIBLIOTHÈQUE RURALE,

INSTITUÉE PAR LE GOUVERNEMENT BELGE.

	Fr. C.
ANNUAIRE DES AGRICULTEURS. 1 vol. avec tableaux statistiques.	1 25
MANUEL DE CULTURE, par M. Ledocte. Un vol. avec 30 grav.	80
EMPLOI DE LA CHAUX EN AGRICULTURE. Un volume.	20
MANUEL D'ARBORICULTURE. 2 vol. avec 205 gravures.	1 60
MANUEL DE DRAINAGE, traduit de l'anglais de Stephens; avec notice de J. Leclerc. Un vol. avec 88 gravures.	1 10
MANUEL DE CHIMIE AGRICOLE, par Johnston. Un vol. avec grav.	1 35
MANUEL D'IRRIGATION, par Deby. Un vol. avec 100 gravures.	60
CHOIX DES VACHES LAITIÈRES; par Magne. Un vol. avec planches.	40
MANUEL DU MARÉCHAL FERRANT, par Brogniez. Un vol. avec 20 grav.	30
MANUEL FORESTIER, par Clément. Un vol. avec pl. grav.	30
TRAITÉ DES ENGRAIS ET AMENDEMENTS, par Fouquet. Deux v.	2 50
INSTRUMENTS D'AGRICULTURE, par Ledocte. Un vol. avec 95 pl.	90
MANUEL DE MÉDECINE VÉTÉRINAIRE, par Verheyen. Un vol.	2 »
LES INSTRUMENTS D'AGRICULTURE A L'EXPOSITION DE LONDRES. Un vol. avec 43 planches gravées.	55
MANUEL DE CULTURE MARAICHÈRE, par Rodigas. Un v. avec 54 gr.	2 »
CULTURE DU MURIER ET VERS A SOIE, par Ronnberg. Un v. et 43 gr.	1 »
TRAITÉ DE DRAINAGE par Leclerc. 2e édit. Un vol. avec 127 gr.	2 »
CULTURE DES PLANTES RACINES; par Ledocte. Un v. avec 24 gr.	1 25
MANUEL DES CONSTRUCTIONS RURALES, par H. Duvinage, ancien architecte attaché de la Maison du Roi. Un v. avec 101 grav.	3 »
TRAITÉ DES GRAMINÉES CÉRÉALES ET FOURRAGÈRES, par Demoor. Un vol. avec 104 grav.	2 50
TRAITÉ D'ARPENTAGE ET DE NIVELLEMENT, par Leclerc et Toussaint. Un vol. avec 128 grav. et planche coloriée.	1 50
CULTURE DU LIN ET ROUISSAGE, par Demoor. Un vol. avec gr.	75
CATÉCHISME AGRICOLE, par Vanden Broeck. Un vol.	75
OISEAUX DE BASSE-COUR, par le baron Peers. 1 vol. avec 15 gr.	1 »
LA LAITERIE, par P. A. de Thier. Un vol. avec grav.	75
MÉDECIN DES CAMPAGNES, par le docteur Moreau. Un vol.	2 »
TRAITEMENT DES PORCS, traduit de l'anglais. 1 vol. avec grav.	1 25
CULTURE DU FROMENT, par le baron Peers. 1 vol.	40
DU TOPINAMBOUR, par Delbetz. Un volume.	1 25
ÉCONOMIE DU MÉNAGE, par Gérardi. Un volume.	1 50
LES CHAMPS ET LES PRÉS, par Joigneaux, 2e édit. Un vol.	1 »
REPRODUCTION, AMÉLIORATION ET ÉLEVAGE DES ANIMAUX DOMESTIQUES, par de Weckherlin. Un vol.	2 »
NUTRITION DES VÉGÉTAUX, par le baron De Babo. Un volume.	80
CULTURE DES PRAIRIES, par Demoor. Un vol. avec 67 gravures.	2 »
ÉDUCATION DES PORCS, par de Mortillet. Un vol.	» 50
CULTURE ET ALCOOLISATION DE LA BETTERAVE, par Basset. 1 v.	2 »
TRAITÉ DE PISCICULTURE, par Koltz. 1 vol. avec 27 grav.	1 50
PROMENADES AGRICOLES, par de Babo. Un vol.	» 75
DU TABAC. Description-culture-récolte, par Demoor. 1 v. 20 gr.	2 »
STABULATION DE L'ESPÈCE BOVINE, par le baron Peers. 1 vol.	1 »
CONSEILS A LA JEUNE FERMIÈRE, par P. Joigneaux. 1 v. avec 58 gr.	2 »
TRACÉ ET ORNEMENTATION DES JARDINS, par T. Bora. 1 volume avec 150 gravures.	1 50
LE CHÊNE EN TAILLIS A ÉCORCES, par Koltz. 1 vol. avec grav.	» 75
COURS D'ÉCONOMIE RURALE, par Goëritz. Deux vol. gr. in-18.	4 »

www.ingramcontent.com/pod-product-compliance
Lightning Source LLC
Chambersburg PA
CBHW071842200326
41519CB00016B/4206